농업아틀라스

유럽연합 농업에 대한 데이터와 사실들

한국어판
2023

벼리

02 **발행 정보**

06 **여는 글**

08 **한국어판 추천사**

10 **12개의 짧은 지식**
   유럽연합 농업에 대하여

12 **역사**
   새로운 목표 낡은 생각
   유럽연합의 농업정책은 2차 대전 뒤 식량 확보라는 가장 오래된 과제를 해결했다. 정책 구조를 새롭게 개편하고 많은 개혁이 있었지만 현재 지원 정책은 21세기에 적합하지 않다.

14 **순기여국**
   1,300억 유로 특별대우
   작은 브렉시트와도 같았던 1985년 '영국 리베이트'는 유럽 통합의 연대 원칙을 위반한 것이다. 유럽연합 농업정책의 직불금은 확실히 다른 회원국들의 추가 탈퇴 위협에 제동을 걸고 있다.

16 **직불금**
   작은 성과 큰 혜택
   유럽연합 집행위원회는 농가에 지급하는 직불금이 앞으로도 농업정책의 주요 지출 분야로 유지되기를 바란다. 하지만 대부분 돈은 소수 대규모 농업경영체에게만 도움이 되고, 농촌이 직면한 사회와 환경문제는 해결하지 못하고 있다.

18 **농촌**
   잘못된 절약
   유럽연합 농업 지원금의 일부는 생태적이고 지속가능한 농업을 만들 수 있는 분명한 잠재력을 가지고 있다. 하지만 이 지원금 상당 부분은 삭감될 예정이다.

20 **농장 폐쇄**
   성장하거나 사라지거나
   농업정책은 대규모 농업경영체보다 소규모 농가들을 충분히 지원하지 않고 있다. 소규모 농가는 후계자 확보에 어려움을 겪는다.

22 **독일의 농업구조 변화**
   압박 받는 소규모 농가들
   대부분 독일 사람들은 농장이 폐쇄되는 것을 좋아하지 않는다. 농장 폐쇄를 막으려면 미래 농업이 어떤 모습이어야 할지에 대한 사회의 공동 목표를 세워야 한다.

24 **노동**
   소득과 생계
   유럽연합의 소규모 농업경영체에는 수백만 개 일자리가 있지만 아주 적은 수익만을 내고 있다. 노동에 대한 평가 기준이 적절하지 않다면 이는 바뀌어야 한다.

26 **농지 가격**
   자본의 비정상 발전
   유럽연합의 새로운 회원국들이 직불제를 시작하자 그 나라에서 토지 구매 물결이 일었다. 그 뒤로 토지 가격이 계속 뛰어올랐다. 큰 농기업과 금융 투자자들과는 달리 재정 규모가 작은 농가에게는 기회가 없다.

28 **유럽연합의 생물다양성**
   위협받는 야생과 생물다양성
   규모와 생산성에 초점을 둔 집약 농업은 유럽연합 야생동식물에 가장 큰 위협이다. 환경을 해치는 경작과 축산 사육 방식은 농업정책 범위 안에서 여전히 지원받고 있다.

30 **독일의 생물다양성**
   잃어가는 생물다양성
   일부 노력이 있었지만 독일의 생물종 보전은 하향세가 계속됐다. 농업 경관은 점점 더 획일화 되고 있다. 이런 흐름을 되돌려 대안을 마련하는 통찰력과 자금, 보다 정교한 프로그램이 부족하다.

32 살충제
농약을 줄이는 새로운 방법
유럽연합 공동농업정책(CAP)은 농업 부문에서 살충제 사용을 크게 줄일 수 있는 방법이 부족하고 예외도 너무 많다. 유럽연합에서 농약 판매량은 몇 년 동안 일정하다.

34 유럽연합의 가축 사육
전환을 위한 비용
유럽연합은 해마다 토지 보조금으로 많은 돈을 지출한다. 이미 적지 않은 금액을 들이고 있지만, 반드시 실현해야 하는 축산 전환 비용은 부족하다. 이를 위한 지원금 조달은 면적에 따라 지원하는 토지 보조금을 줄여야 가능하다.

36 독일의 가축 사육
희망과 현실
농장동물에 적합한 사육방식은 농업과 농업정책에 대한 대중의 요구사항이 됐다. 독일에서도 마찬가지다. 하지만 연방 정부와 주 정부는 이를 충분하게 실현하지 못하고 있다.

38 비료
경작지에서 물을 보호하려면
물에 질산염이 너무 많으면 생태, 경제와 건강에 피해가 발생한다. 수질 보호와 농업정책이 제대로 연결되지 않아 이를 방지하지 못했다. 게다가 관리도 부족하다.

40 유럽연합의 유기농업
살아 움직이는 생태계
유기농업의 성장 요인은 소비자의 수요에 달려 있다. 여기에 국가 지원정책이 뒷받침되면 큰 도움이 된다. 하지만 유럽연합은 여전히 이런 유기농업의 환경성과에 너무 적게 보상한다.

42 독일의 유기농업
유기농 호황
유기농붐에도 불구하고 유럽연합의 농업 기금은 되레 독일 농업 전환에 방해가 되고 있다. 유럽연합 본부는 농지 면적에 따른 일괄 직불금을 지급하지만, 유기농업 지원금은 독일 연방 주가 지원해야 한다.

44 건강
책임을 묻다
유럽연합의 농업은 안전한 먹거리와 어떤 관련이 있는가? 건강한 식생활과는? 사회 정의와는? 이 모든 질문에 간단한 해답은 없다.

46 기후
범인이자 희생자
유럽연합은 농업 부문의 오염 물질 배출량을 줄이기 위해 큰 목표를 세웠다. 하지만 실제 조치와 지원 프로그램 뿐 아니라 회원국들의 공감이 부족하다.

48 세계 무역
성장의 이면
유럽연합 농업은 국제 가치 사슬에 연결돼 있다. 세계 농업 시장에 영향을 미치며, 저개발 국가들의 가격, 생산, 소득과 영양에도 영향을 준다.

50 한국
농업정책의 패러다임 전환
한국 농업의 위기는 지난 30년 개방농정과 세계 먹거리체제로 급속한 편입을 추진해 온 농업정책의 실패에서 비롯된다. 반면 농민과 시민사회가 펼쳐온 대안의 흐름도 커지고 있다.

52 글쓴이, 데이터, 그래픽 출처

54 기관 소개

여는 글

유럽에는 이탈리아 모차렐라, 폴란드 버섯, 그리스 올리브, 프랑스 포도주, 독일 빵, 체코 맥주, 오스트리아 햄을 비롯해 다양한 음식들이 있다. 여러 지방의 매우 다양한 별미들은 유럽의 맛이며 환경, 기후, 사회 구조, 정치와 역사를 통해 저마다 만들어진다.

농업만큼 인간과 자연환경에 밀접하게 연관된 경제활동은 없다. 농업이 바뀌면 그것이 속한 생태계와 사회 체계도 변화한다. 유럽 전역에서 경작과 사육 방식이 빠르게 변화하고 있다. 많은 농장들이 농업을 포기하고 있다. 남아 있는 농장들은 규모가 커지고, 땅뙈기 하나하나를 최대한 집약적으로 이용한다.

경제 부문이 사회만큼 역동성 있게 변화한다는 것은 좋지도 나쁘지도 않다. 문제는 누가 정치를 통해 변화를 만들어내며, 그 변화를 어떻게 만드느냐 하는 것이다. 농업의 변화는 단지 농민에게만 중요한 것이 아니라 우리 모두에게 중요하다. 농업은 우리 음식과 기후, 자연, 농촌 공간과 매우 밀접하게 연관돼 있기 때문이다. 따라서 중요한 것은 농업이 어떤 방향으로 발전해야 하는지에 대해 우리가 사회적 합의를 이뤄야 한다는 것이다. 우리는 결정해야 한다. 농민이 식량 생산 말고도 어떤 서비스를 제공해주기를 바라는지, 우리가 어떤 서비스에 지불하고자 하는지 말이다.

공동 합의된 목표가 있다면 농업의 변화를 위해 적극 지원할 수 있고 변화를 만들 수 있다. 가장 중요한 수단은 한 해 600억 유로에 달하는 재원이 투입되는 유럽연합 공동농업정책(CAP)이다. 이는 시민 한 명마다 114유로에 해당한다.

> 유럽연합 농업정책은 관료주의의 괴물이다. 많은 사람들은 농업정책이라는 것이 존재하는지조차 모른다.

유럽연합 농업정책은 관료주의의 괴물이다. 일반인들은 거의 이해할 수도 없다. 많은 사람들은 농업정책의 존재조차 모른다. 7년마다 개정이 이뤄지고 있지만, 여전히 잘못된 체계를 지원하고 있다. 유럽연합 농업정책은 건강하고 맛있는 음식, 동물복지 사육, 수자원과 새, 곤충 보호 같은 많은 사람들이 중요하게 여기는 것에 초점을 맞추지 않고 있다.

지원금은 농지 면적(헥타르)에 따라 지급된다. 가장 큰 농장이 대부분 혜택을 받는 반면, 소규모 농장을 유지하기 위한 프로그램은 자금 부족에 시달리고 있다. 바로 이러한 이유들 때문에 《농업아틀라스》가 나왔다. 유럽연합 농업이 우리의 삶과 환경에 얼마나 밀접하게 엮여 있는지를 담았다. 또한 공동농업정책 자금이 유럽인들이 원하는 농업 관련 목표들을 달성하는 데 거의 도움이 되지 못하고 있다는 것도 이야기한다.

한편 더 나은, 완전히 새로운 농업정책을 지지하는 것이 의미 있다는 것 또한 보여준다. 유럽연합의 많은 국가들에서 지속가능하고 사회적으로 공정하고, 세계적으로도 공정한 농업과 식량 체계를 위한 운동이 성장하고 있다. 농민단체들은 소비자, 자연, 환경, 동물보호 단체, 그리고 개발정책 관련 단체와 연결망을 만들고 있다.

이 《농업아틀라스》는 독일어와 5개 유럽 언어로 발간했다. 《농업아틀라스》는 유럽 내 연결망의 결과이다. 《농업아틀라스》가 유럽연합 국가들의 시민사회와 시민운동을 강화하고 생태적이고 사회적인 농업과 먹거리 전환을 촉진하고자 한다.

여러 해 동안 유럽연합 회원국 정부들은 시민의 요구를 무시했을 뿐 아니라 유럽연합 본부에서 활동하는 산업형 농업 로비 단체들의 이익을 옹호해 왔다. 이는 파렴치한 짓이다. 회원국 정부들은 유럽연합 농업에 피해를 주고 있을 뿐만 아니라 기후, 토양과 수자원, 생물다양성 보호와 지속가능한 자원 이용과 공정 무역을 통한 세계 정의라는 유럽연합 스스로 정한 핵심 목표를 달성하지 못하고 있는 것에 공동 책임이 있다.

지금과는 다른 농업정책을 위해 유럽연합은 예산을 마련할 수 있다. 이는 농업의 공익 서비스가 보상받을 수 있는 방식으로 사용돼야 한다. 따라서 지금은 미래 농업을

> 유럽연합 농업예산의 돈은 농업의 공익 서비스에 사용돼야 한다.

어떤 모습으로 만들어가야 하는지 활발한 사회적 논의를 해야 할 때다. 농업에 쓰이는 돈이 적정하게 공공 이익을 위해 사용될 것이라는 확신을 유럽연합 사람들이 가질 수 있어야 한다. 그럴 때에만 앞으로도 농업정책을 지지할 것이다.

바바라 운뮈시히(Barbara Unmüßig)
하인리히 뵐 재단(Heinrich-Böll-Stiftung)

후베르트 바이거(Hubert Weiger)
독일 분트(Bund für Umwelt und Naturschutz Deutschland)

바바라 바우어(Barbara Bauer)
농약행동네트워크 유럽(Pesticide Action Network Europe)

올라프 반트(Olaf Bandt)
독일판 르몽드 디플로마티크(Le Monde diplomatique, deutsche Ausgabe)

한국어판 추천사

농업은 역사와 문명, 지속성의 뿌리다. 45억 년 전 형성된 지구라는 행성에서 30만 년 전 진화된 현생인류가 지난 만 년 만에 80억 인구로 번영해 왔다. 이는 농사를 지어 만들어낸 세상이다. 여전히 인간은 농업생산물을 먹고 입고 쓰며 생명을 이어간다. 불과 지난 백 년 동안 20억 인구(1925년)는 40억(1974년)에서 80억(2022년)으로 50년 남짓마다 두 배씩 늘었다. 농업 생산력 성장은 실로 놀라울 따름이다.

농업은 인간이 발전시켜온 지구 자원과 에너지 활용 방식이다. 현재 농업은 산업화 뒤 유전자조작, 화석연료로 만든 농약과 화학비료 투입, 화석연료 동력 활용, 지하수와 화석수를 퍼내 일군 농업 생산력으로 버티고 있다. 이는 물질과 에너지 순환을 왜곡해 기후위기, 표토 피폐화, 종다양성 손실 같은 지속성 붕괴 위기에 이르게 했다. 지구 온실가스 배출에서 먹거리 생산소비 체계가 차지하는 비중이 30퍼센트를 웃돌고, 다른 분야에서 에너지체계 전환을 하더라도 농업과 먹거리 소비체계를 바꾸지 않으면 탄소중립은 어렵다고 경고한다.

지구는 모두의 필요를 충족시킬 충분함을 제공해 왔다. 하지만 누군가의 욕심을 동력으로 생산력을 발전시킨 경쟁 논리, 이 방식으로 제도와 정책을 구축해온 성장 논리가 국가나 지역 단위, 세계시장 체계로 확대돼 왔다. 자연 수탈, 과도한 화석에너지 의존, 국가와 지역, 계층 사이 양극화, 농민계층 분화와 품목 상품화, 생산과 소비 분리 정책은 강화되었으나 시대 과제인 전환에는 이르지 못하고 있다. 《농업아틀라스》는 식민수탈과 전쟁 같이 근대 역사과정에서 농업의 중요성을 인지해온 유럽 사회에서 성장 논리와 전환 과제의 한복판에 서게 된 농업문제 쟁점과 유럽과 개별지역 사이 긴장을 지도와 데이터로 보여 준다. '그래 그곳도 문제가 많네'하고 넘기기에는 현재 고민들과 쟁점을 논의하고 현실을 자세하게 드러내고 있다는 것 자체가 부럽기도 하다.

지난 50년 동안 한반도 남쪽은 오로지 잘 살아보자는 무한경쟁 성장 논리 속에서 돈이 안 된다는 이유로 농업과 농촌을 방치해 왔다. 도시민들 먹거리는 달러를 벌어 수입하면 된다는 생각을 앞세워 왔다. 지금 누리는 먹거리의 풍요는 이런 상황에서 비롯한 것이다. '농(農)이 근본'이라는 말은 과거 속담 취급을 받고 있다. 지난 50년 동안 농민 비율은 10분의 1로 줄었고, 곡물자급률은 5분의 1로 줄었다. 인구 일인당 200평 넘던 농지는 90평 남짓만 겨우 유지하고 있다. 이제 농촌이나 농민계층을 연구하는 이들마저 드물다. 정책 데이터도 허술하다. '농'이 인류문명 토대이듯, '농'이 한 사회의 지속성을 가늠한다. 그런 뜻에서 《농업아틀라스》 한국어판은 반가운 참고자료다. 한국판 농업아틀라스는 누가 언제 제작할 수 있을까?

이근행
(사)한국농어촌사회연구소 소장

유럽연합뿐만 아니라 유럽 개별 국가의 농업 상황과 농업정책의 변화과정을 상세히 설명하는 《농업아틀라스》는 시민들은 물론이고 전문가들에게도 매우 유용할 것이다. 유럽연합 농업정책의 역사는 과거 식량안보 강화를 위한 정책이 현재 어떻게 바뀌어야 하는지를 잘 보여준다. 농업이 사회, 환경 문제를 해결하는 데 역점을 둘 필요가 있음을 이야기한다.

특히 독일 농업이 드라마 같이 변화하는 상황을 잘 이해하도록 정리했다. 놀랍도록 변화한 유럽연합 농업정책과 농업상황을 한 권에 집약하는 것은 쉽지 않은 일이다. 따라서 유럽농업에 관한 문헌이 매우 부족한 우리나라에서는 그 가치와 활용도가 더 높을 것이다.

농업과 농업정책에 관한 외국 문헌을 번역하는 것은 특히 어려운 일이다. 국가별로 농업정책이나 통계에 쓰는 용어는 동일하지만 실제 해당 용어가 설명하는 대상과 범위가 서로 다르기 때문이다. 여러 서적과 문헌의 용어들을 비교 검토해 번역을 수행하고, 여러 전문가의 검토와 수차례 수정을 거친 편집진 노력이 고스란히 담겨 있다. 아무쪼록 기후위기와 식량위기 시대에 직면한 오늘, 많은 독자들이 농업과 농촌의 현재 기능과 역할을 이해하는데 도움이 되기를 바란다.

김태연
단국대학교 환경자원경제학과 교수

인류의 무분별한 개발, 이를 주도했던 기업의 이윤 추구가 '기후위기'라는 청구서로 돌아왔다. 이제는 많은 시민이 기후위기, 농업·먹거리 위기, 에너지 위기에 대한 세계 곳곳 소식에 귀 기울이는 시대가 됐다. 농업은 제2차 세계대전 뒤로 진행된 급격한 산업화를 통해 기후위기에 상당한 책임이 있는 가해자가 됐다.

날마다 농업이 생산한 먹거리를 소비하는 시민들은 정작 농업정책이나 농민 현실에 대해 알기 어렵다. 특히 생산을 책임지는 농민이 아니라 농산업 성장을 우선하는 정책, 그리고 산업 방식의 농업이 커져야 돈을 버는 기업, 산업과 기업을 위한 정책과 제도를 만드는 관료들이 지금 같은 농업과 먹거리 사이의 괴리를 만들어냈다. "유럽연합 농업정책은 관료주의의 괴물이다."라는 《농업아틀라스》여는 글의 분석은 우리나라에서도 그대로 적용된다.

그럼 기후위기 시대 우리는 농업에 대한 어떤 고민을 할 것인가? 지속가능한 농업, 친환경·생태 농업으로 전환하려면 괴물이 돼버린 현재 농업정책을 살펴보고 새로운 방향을 논의해야 한다. 《농업아틀라스》는 현재 농업정책의 문제와 대안에 대한 밑그림을 충실하게 보여준다. 비록 유럽 농업정책을 다뤘지만 그 맥락은 우리나라와 크게 다르지 않고 우리의 '농정 틀 전환'에 대해 생각할 거리를 던져주고 있다. 《농업아틀라스》가 우리나라 농업의 방향성에 대한 사회적 합의를 위한 소중한 디딤돌이 되기를 기대한다.

송원규
농업농민정책연구소 녀름 선임연구위원

12개의 짧은 지식
유럽연합 농업에 대하여

① **유럽연합 농업정책**에 따라 해마다 600억 유로 가까운 돈이 농업에 들어간다. 이는 한 해 유럽연합 시민 한 명마다 **114유로**에 해당한다.

② 농업은 곤충과 조류 **보호**, 깨끗한 물, 건강한 먹거리와 밀접하게 얽혀 있다. 하지만 이 영역에 투입되는 유럽연합 **예산은 거의 없다.**

③ 유럽연합은 농업 분야에 자금을 지원하는 차기 정책을 **2023년**에 시작했고, **2027년**까지 추진할 예정이다. *편집자 주

④ 유럽연합 농업정책은 **두 기둥**으로 구성돼 있다. 첫 번째 기둥은 주로 농지 면적에 따라 일괄 보조금을 지급하고, 두 번째 기둥은 농촌 개발, 유기 농업과 환경 조치들을 지원한다.

⑤ 유럽연합 예산 70퍼센트가 농지 1헥타르마다 면적 기준으로 지급되기 때문에, **많은 땅을 경작하는 사람이 많은 돈**을 받는다.

⑥ **농촌 지역**은 농업만 있는 것이 아니다. 다른 분야도 두 번째 기둥의 농업 예산에서 지원 받는다. 하지만 첫 번째 기둥에 비해 **훨씬 적은 돈**을 받는다.

*2019년 유럽연합은 7개년 지원기간이 시작되는 2021년을 앞두고 개혁에 대한 협상이 한창이었다. 한국어판은 2023년 기준으로 내용을 수정했다.

⑦ 유럽연합은 기후 보호와 생물다양성을 위한 국제 목표와 아울러 세계 정의에도 의무를 다하기로 약속했다. 하지만 농업정책은 아직 이러한 목표를 지향하고 있지 않다. 광범위한 개혁이 없다면 유럽연합은 국제 목표를 달성하지 못할 것이다.

⑧ 동물복지는 유럽연합 시민에게 매우 중요하다. 그럼에도 유럽연합 농업정책 예산은 동물복지 측면에서 축산업을 개선하는 데 거의 쓰이지 않는다.

⑨ 2003년에서 2013년 사이 유럽연합 전체 농장 4분의 1이 문을 닫았다. 그 땅은 다른 이들에게 넘겨졌다. 오늘날 전체 농업경영체 3.1퍼센트가 농지 절반 넘는 면적을 경작한다.

⑩ 독일에서도 해마다 많은 농가들이 농업을 포기한다. 대규모 농장은 가장 빠르게 성장하고 있다. 75퍼센트 넘는 독일인이 이러한 추세에 대해 우려하고 있다.

⑪ 유럽연합 농업정책은 유럽연합의 정치적 쇠퇴에 맞서는 데 도움이 된다. 이는 유럽연합에 대한 불만이 높은 농촌 지역에서 특히 중요하다.

⑫ 유럽연합 공동농업정책(CAP)*이 사회적으로 받아들여지려면 환경과 기후 보호, 생물종다양성 보전, 동물복지 개선, 중소 농가 지원이 반드시 이뤄져야 한다.

*공동농업정책(Common Agricultural Policy, CAP)

역사
새로운 목표 낡은 생각

유럽연합의 농업정책은 2차 대전 뒤 식량 확보라는 가장 오래된 과제를 해결했다. 정책 구조를 새롭게 개편하고 많은 개혁이 있었지만 현재 지원 정책은 21세기에 적합하지 않다.

농경지는 유럽연합의 경관을 결정짓는다. 1억 7,400만 헥타르에 이르는 농경지는 유럽연합 전체 면적의 40퍼센트를 차지한다. 아일랜드의 방목하는 양떼, 프랑스 산비탈의 포도밭, 독일 동부의 거대한 식량 경작지, 루마니아의 아주 작은 농장들. 유럽 농업은 어느 면에서 봐도 다양하다. 유럽 농업은 생태 조건, 문화와 역사, 정치와 경제 발전이 그 특징을 갖게 했으며, 또한 상호작용하며 이 요소들을 특징짓는다.

천만이 넘는 농가들이 유럽의 농경지를 경작한다. 이 가운데 3분의 1은 루마니아에 있고, 13퍼센트 조금 넘는 농장들은 폴란드에 있으며, 이탈리아와 스페인이 그 뒤를 잇는다. 나라마다 농가 평균 규모는 많이 다르다. 루마니아는 3헥타르가 조금 넘는 반면 체코는 133헥타르에 이른다.

국내총생산(GDP)에 대한 농업 기여도 또한 나라마다 다르다. 2017년 유럽연합 평균은 약 1.4퍼센트였지만, 동유럽 신규 회원국들은 3퍼센트를 넘고 기존 서유럽 국가는 0.5~1퍼센트 사이다.

나라마다 농업 형태가 다양하지만 유럽의 농업정책은 더블린, 파리, 부쿠레슈티 같은 국가별 수도가 아니라 유럽연합 본부가 있는 브뤼셀에서 만들어진다. 유럽 농업은 공동농업정책(Common Agricultural Policy, CAP)이 적용되는데, 유럽연합의 다른 어떤 경제 분야도 농업만큼 강력한 공동 규정의 영향을 받지 않는다. 이 유럽연합 농업정책의 목표와 과제는 60년도 더 전인 1957년에 처음으로 수립됐다.

6개 국가만으로 구성됐던 최초 유럽 국가공동체는 전쟁 뒤 황폐해진 유럽에서 사람들에게 적당한 가격에 충분한 식량을 공급하고자 했다. 따라서 농업 생산성을 강화하고 시장을 안정시켜 급격한 가격 변동을 방지하며, 농민들의 적절한 생활 수준을 보장해야 했다. 공동농업정책은 자급자족 목표를 짧은 시간 안에 달성했다. 이미 1970년대부터 유럽연합 농민들은 필요한 것보다 더 많은 식량을 생산했다.

하지만 보장된 가격과 소득은 어두운 면을 드러내기도 했다. 유럽연합 남부 회원국들에서 버터로 된 산, 우유 호수, 화려한 과일 폐기의 시대가 시작된 것이다. 이와 동시에 세계 시장에서 농산품을 처분하기 위해 고의로 가격을 낮추는 수출보조금이 제

농업은 더 이상 유럽 통합을 좌우하는 주제가 아니지만, 예산에서는 여전히 큰 영향을 미친다

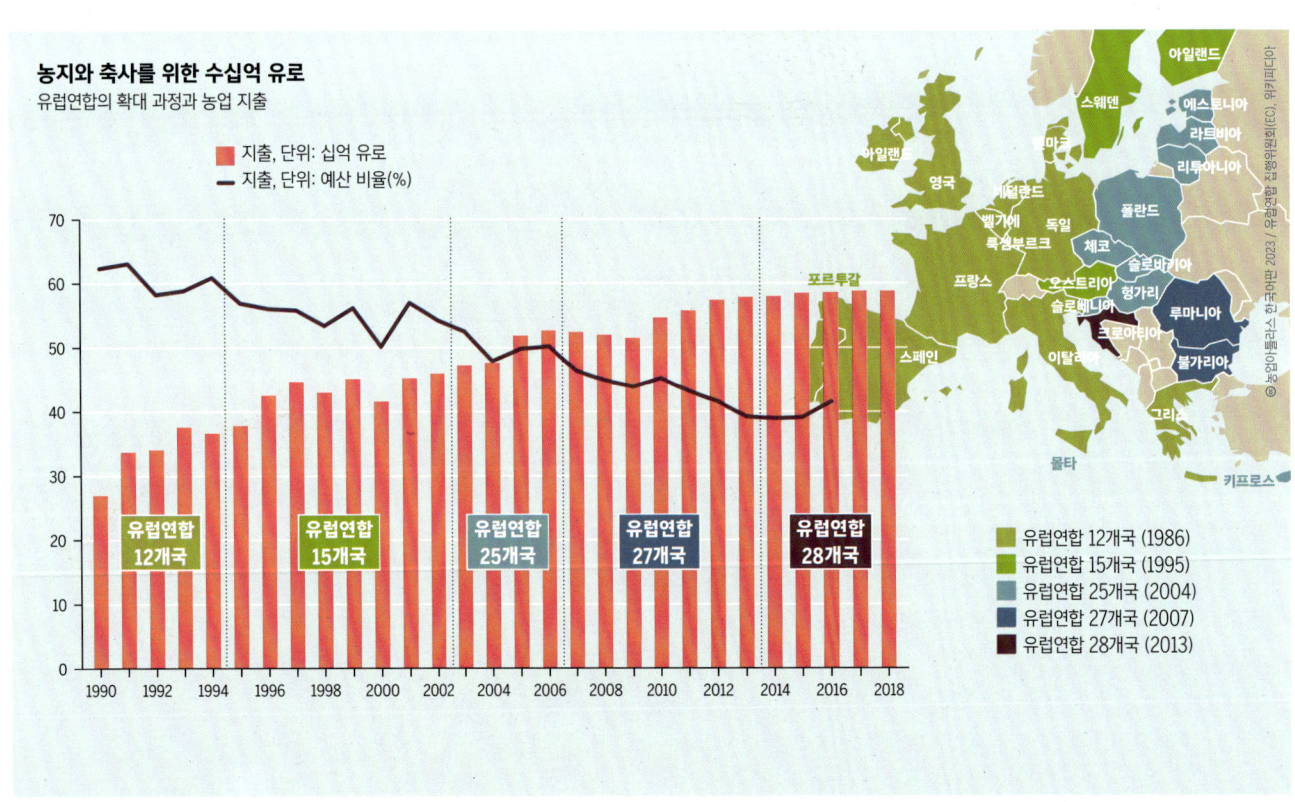

농지와 축사를 위한 수십억 유로
유럽연합의 확대 과정과 농업 지출

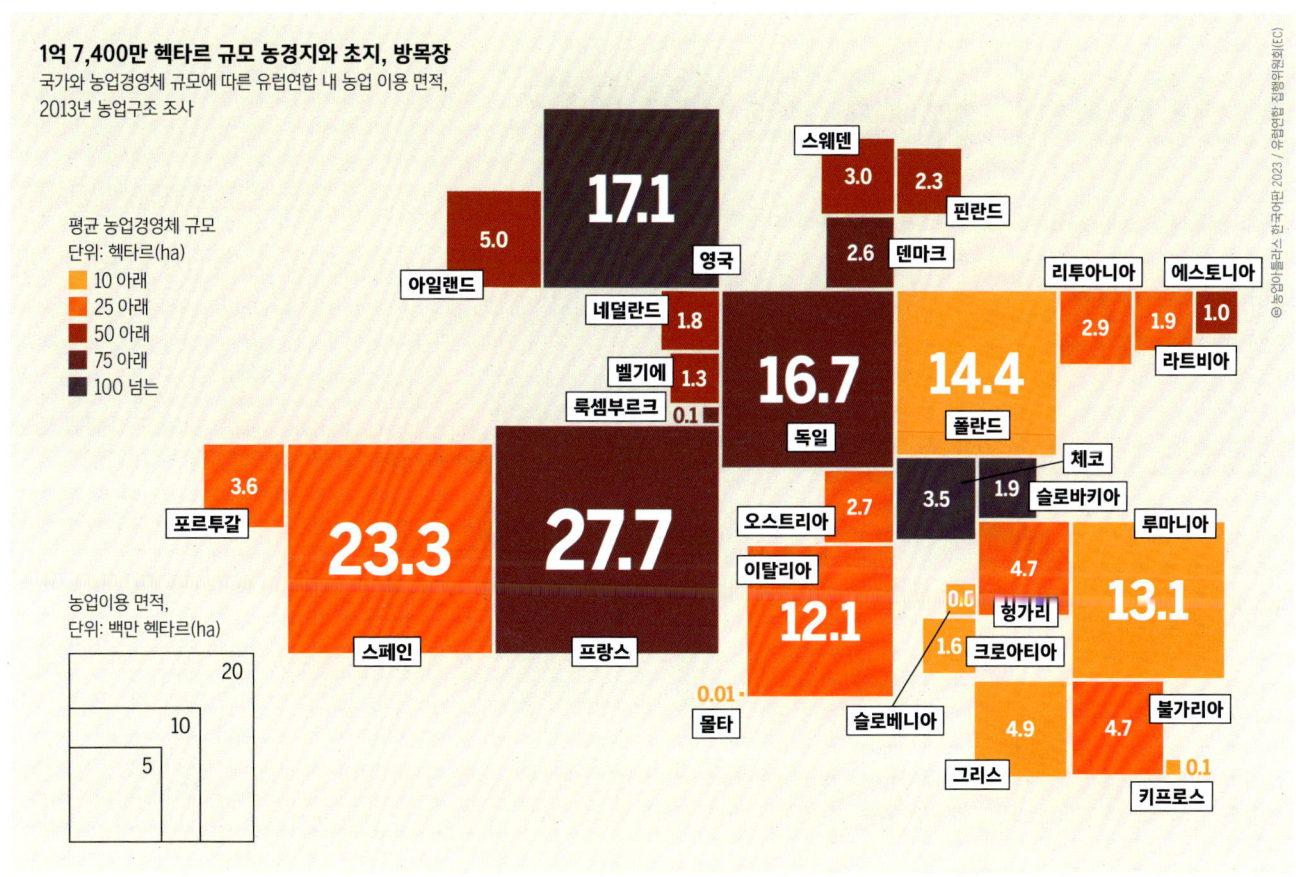

유럽연합의 여러 국가에서 소규모 농가가 대부분이다. 일부는 주업으로, 일부는 겸업으로 일한다

공됐다. 그것이 수출 대상국의 농장을 어떻게 망가뜨렸는지 상관없이 말이다.

그 뒤 유럽연합 농업정책은 여러 차례 큰 폭으로 개정됐고 수출보조금 또한 사라졌지만, 21세기의 도전에 대응하기 위한 새로운 목표들에 합의하지 못했다. 이것은 특히 농업이 환경과 자연, 지속가능한 개발, 국제 정의에 미치는 막대한 영향이 포함된다. 토양질, 수질, 곤충과 희귀식물을 위한 서식지의 질, 이 모두는 농업 생산과 떼려야 뗄 수 없는 관계를 갖고 있다.

환경보호, 동물보호, 기후보호, 건강, 농촌의 사회적 발전, 국제 지속가능성 문제는 유럽 차원에서 해결해야 할 큰 도전들이다. 하지만 이러한 주제는 경우에 따라 '횡단적 조항(수평적 조항, 유럽연합 기관들이 정책을 수립하고 실행할 때 따라야 하는 원칙을 규정하는 것을 뜻함. 다양한 정책과 행위에 통합 적용된다.'옮긴이 주)'에만 규정됐다.

새로운 중점사항이나 보조금, 재정 삭감 등이 확정될 유럽연합의 농업개혁은 어떻게 이뤄질까? 먼저 유럽연합 집행위원회가 법안을 마련한다. 유럽 의회와 농업 장관회의에서 법안이 논의되며, 그 뒤 '삼자협의(Trialogue)'에 참여하는 3개 기관이 서로 힘든 조정 과정을 거쳐 법안이 수정된다. 법이 확정되면 회원국들은 해당 조항들을 나라마다 법과 규정들을 통해 이행해야 한다.

환경단체, 농민단체, 국제개발협력단체들은 공동농업정책의 지속가능한 환경과 공정한 분배를 위한 개혁안이 협상 과정에서 희석돼 버리는 것을 계속해서 비판하고 있다. 몇년째 농업 소득의 안정화는 공동농업정책의 가장 중요한 목표로 남아 있다.

현재 유럽연합 예산 약 38퍼센트가 공동농업정책 재원에 들어간다. 이는 유럽 전체로 보면 연간 580억 유로 정도다. 환산하면 모든 유럽연합 시민들이 해마다 114유로씩 유럽연합 농업정책에 지불하는 셈이다.

비록 공동농업정책이 유럽연합의 가장 큰 예산 항목이긴 하지만 그 비중은 수년 동안 감소해 왔다. 1988년은 비중이 55퍼센트였으나 2027년은 27퍼센트에 머물 것으로 본다.

공동농업정책은 이른바 두 개의 기둥으로 구성된다. 첫 번째 기둥은 '유럽농업보증기금(European Agricultural Guarantee Fund, EAGF)'이며 공동농업정책 기금 75퍼센트를 차지한다. 농지 면적에 따라 농가에 보조금을 일괄 지급한다. 유럽연합 평균은 1헥타르마다 한 해 267유로이다. 농가 규모가 저마다 달라 기금 80퍼센트가 이 규정의 수혜자 20퍼센트에게만 돌아간다.

두 번째 기둥은 '유럽농촌개발기금(European Agricultural Fund for Rural Development, EAFRD)'인데 공동농업정책 기금 25퍼센트에 불과하다. 유기농업, 여건이 어려운 지역 농업 지원, 그 밖에 환경, 기후와 자연보존 활동에 지원한다.

유럽연합 농업의 환경 성과를 보상하는 데 쓰는 기금이지만, 예산을 27퍼센트 더 삭감하는 계획을 발표했다. 반면에 첫 번째 기둥은 약 11퍼센트를 줄였다. 공동농업정책은 이미 수많은 실수를 했지만 이 경우도 다르지 않다. ●

순기여국
1,300억 유로 특별대우

작은 브렉시트와도 같았던 1985년 '영국 리베이트'는 유럽 통합의 연대 원칙을 위반한 것이다. 유럽연합 농업정책의 직불금은 확실히 다른 회원국들의 추가 탈퇴 위협에 제동을 걸고 있다.

영국 총리 마거릿 대처는 유럽연합 공동농업정책(CAP) 역사에 기록될 말을 남긴 바 있다. 1984년 당시 유럽공동체(European Community, EC) 정상회의에서 "내 돈 돌려주세요!"라고 요구했다. 영국의 농업 부문은 프랑스나 독일만큼 보조금 혜택을 받기에는 규모가 너무 작았기 때문이다. 하지만 1980년대 초 유럽공동체 예산에서 공동농업정책 몫이 70퍼센트를 넘겼기 때문에 당시 영국은 이런 불이익을 다른 데서 보상할 방법이 없었다.

다른 나라에 비해 높은 관세와 부가가치세 세수 또한 영국이 내야 할 유럽공동체 회원국 분담금에 영향을 미쳤다. 게다가 극심한 경제위기 탓에 영국 1인당 국민소득은 독일이나 프랑스보다 훨씬 낮았다. 마거릿 대처는 1979년 총리 취임 뒤 계속해서 영국의 유럽공동체 분담금 규모에 대해 불만을 드러냈고, 유럽공동체 본부에서 정치적인 결정을 내리지 못하도록 계속 방해했다. 결국 대처는 '영국 리베이트'를 받아냈다.

영국의 순기여금(유럽연합 예산에 대한 기여분에서 유럽연합 재정 혜택을 뺀 금액.*옮긴이 주) 3분의 2는 삭감돼 더는 내지 않아도 된다. 이것이 어떻게 계산됐는지 가상 수치로 살펴봤다.

한 해 영국의 유럽연합 분담금이 100억 유로였고, 70억 유로가 유럽연합 지원금이나 보조금으로 영국에 다시 들어갔다면, 영국이 유럽연합에 냈어야 하는 순비용은 30억 유로다.

하지만 리베이트(1984년 영국에 대한 유럽연합 분담금 환불 규정, 불황 부담을 줄여주기 위해 순기여분 일부 환불 조치.*옮긴이 주) 덕에 영국은 10억 유로만 지불하면 됐다. 나머지 20억은 영국을 뺀 모든 회원국들에게 떠넘겨졌고, 브렉시트가 완료될 때까지 이어졌다. 이런 식으로 농업은 유럽 통합의 연대 원칙에 반한 첫 번째 중대한 위반의 도화선이 됐다.

'정당한 환불'이나 성과와 보상 따위 발언들은 브뤼셀 유럽연합 본부에서 근본 비판을 받았다. 그것은 공동체 이념에 어긋난 것이었다. 그 진의는 결국 무엇일까. 돌려받을 수 있는 만큼만 내자는 것인가. 투자부터 일자리, 무역에 이르기까지 회원국마다 서로 다른 경제적 이익과 불이익을 계산할 방법은 과거에도 지금도 존재하지 않는다. 다른 부문도 아닌, 생산과 가격이 변동성이 큰 농업 부문이 그러한 경제 전체의 비용 편익 계산의 기초가 된다면 더욱더 문제가 있다.

그럼에도 유럽연합 어느 누구도 영국 리베이트를 폐지하는 데 성공하지 못했다. 영국이 다른 선진국들을 경제적으로 따라

영국에 대한 값비싼 예외 조치는 브렉시트와 함께 끝났다. 하지만 영국은 순기여국이었기 때문에 탈퇴하더라도 다른 나라의 부담은 줄어들지 않을 것이다

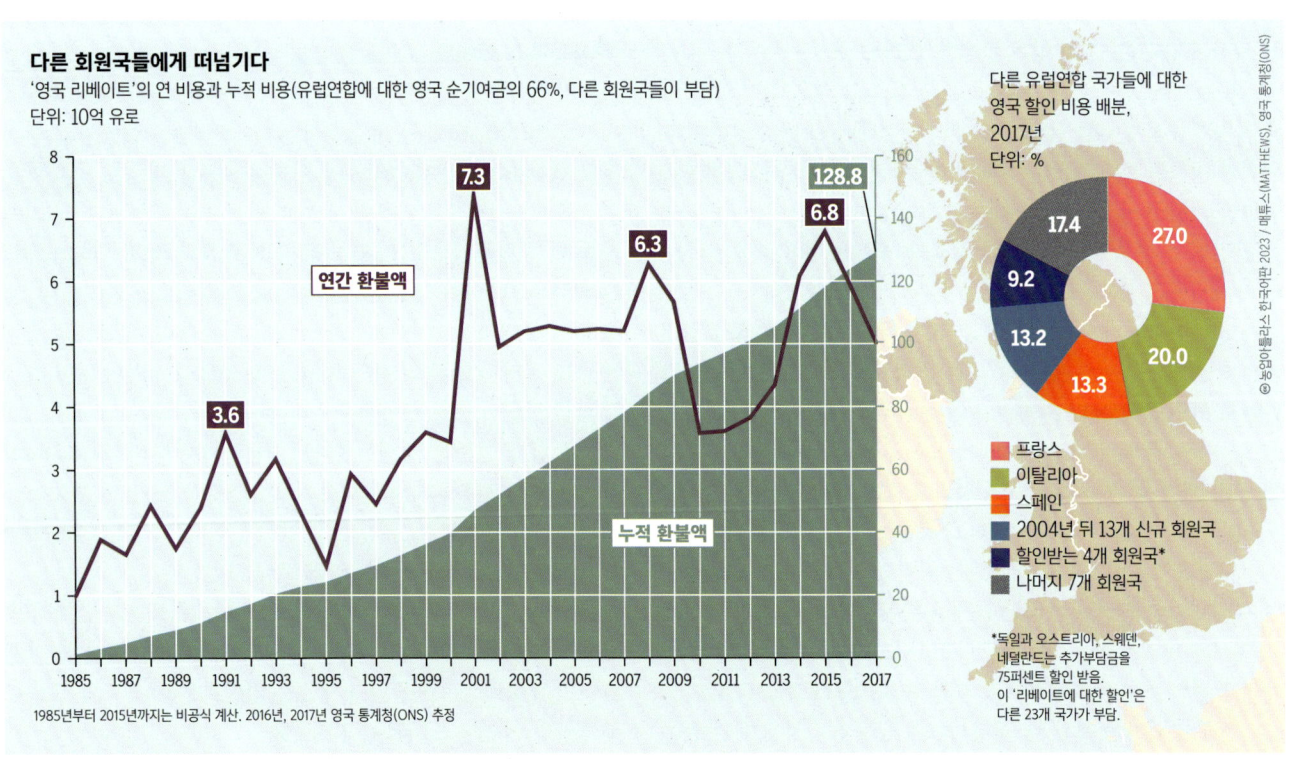

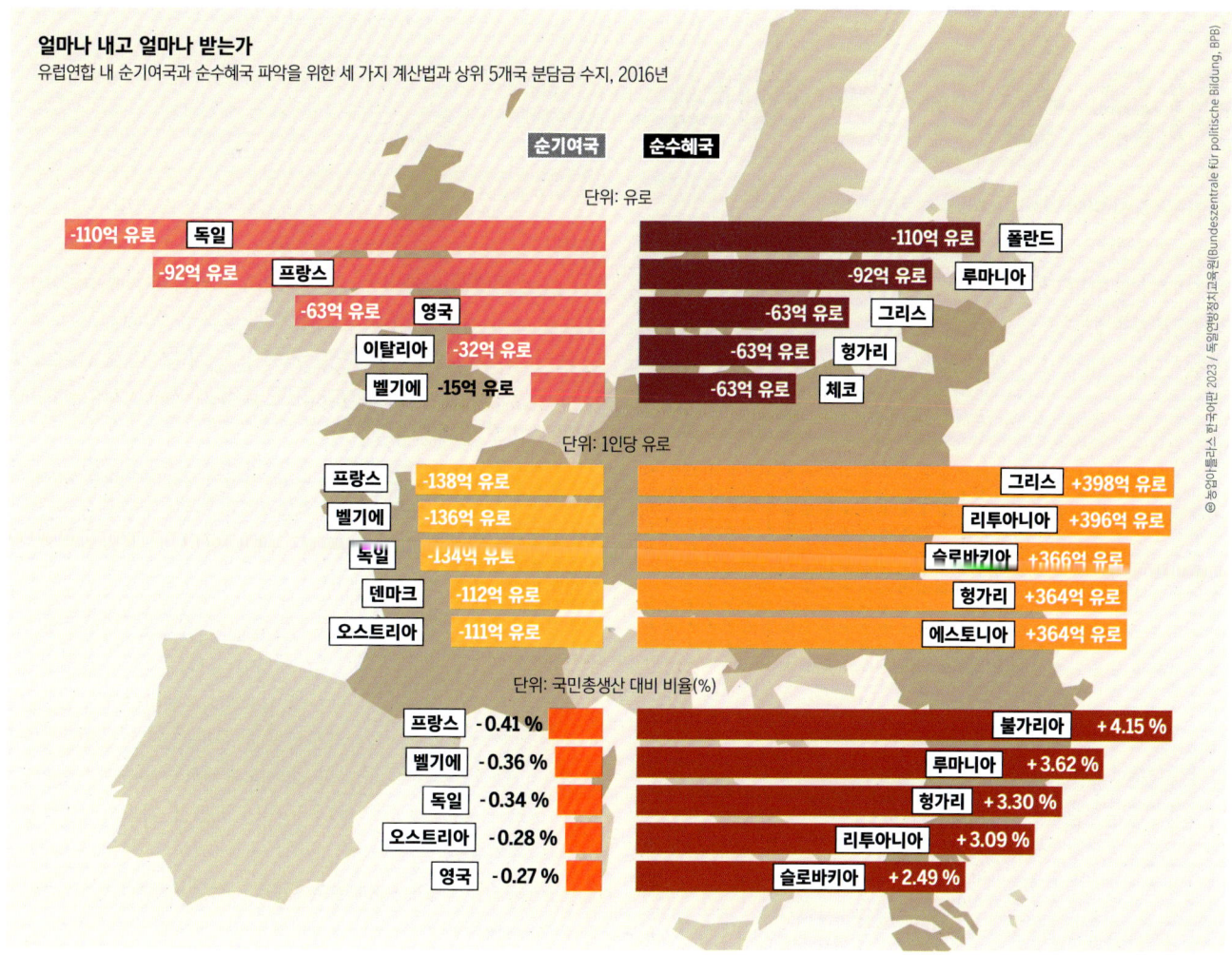

얼마나 내고 얼마나 받는가
유럽연합 내 순기여국과 순수혜국 파악을 위한 세 가지 계산법과 상위 5개국 분담금 수지, 2016년

> 유럽연합 회원국 지위의 경제적 비용과 편익은 수치화할 수 없지만, 회원국들의 재정수지는 파악할 수 있다

잡고 집권 정당이 노동당으로 바뀌었을 때에도 마찬가지였다. 영국의 환불금을 벌충하기 위한 분담금 산정 방식의 조정은 1985년에 이뤄지지 않았고, 오히려 부족분은 그 뒤 해마다 모든 유럽연합 회원국에 떠넘겨졌다. 여기에는 가난한 신규 회원국들도 포함됐다.

영국 리베이트를 통한 환불금은 1985년 10억 유로에서 시작해 2001년에는 최고치인 73억 유로(추후에 결산된 것을 포함)를 기록했다. 1985년 뒤로 2017년까지 할인된 총액은 1,290억 유로였다. 어쨌든 브렉시트를 통해 영국 리베이트 또한 마무리됐다.

독일과 프랑스, 이탈리아도 큰 규모의 순기여국이다. 돌려받는 것보다 더 많은 돈을 유럽연합에 낸다. 만약 이들 국가 가운데 하나라도 영국 사례처럼 자국의 이익에만 몰두했다면, 유럽 통합 프로젝트는 빠르게 끝나 버렸을 것이다. 아이러니하게도 이런 갈등이 더 이상 확대되지 않은 것 또한 농업정책 때문이었다.

1980년대 초 유럽공동체의 농업은 시장의 왜곡과 과잉 생산 때문에 밑 빠진 항아리 같았다. 계속 이어진 이 위기는 대처의 영국 리베이트를 훨씬 넘어서는 것이었다.

그러나 단일 시장과 공동 통화, 유럽연합의 인프라 지원과 같은 새로운 유럽연합 통합 프로젝트들이 도입돼 긍정의 활력을 불어넣었다. 공동농업정책이 여전히 많은 비중을 차지하는 예산지출 항목이었음에도 농업정책은 관심에서 멀어졌다. 이제는 영국 리베이트가 아닌 계속 성장하는 유럽연합 전체의 개혁을 놓고 논쟁이 벌어졌다.

한편, 2004년 뒤 유럽연합 확대로 새로운 회원국이 된 13개 국가에게는 공동농업정책이 여전히 중요했다. 거의 모든 신규 회원국들이 유럽연합 농업정책의 순수혜국에 포함됐기 때문이다. 유럽연합 집행위원회에 대해 특별히 비판하는 정부들조차도 공동농업정책을 포기할 수는 없었으며, 유럽연합 본부와 해당 정부들 양쪽 모두 그 점을 잘 알고 있었다. 집행위원회의 2021~2027년 예산안에 따르면 폴란드는 총 306억 유로, 폴란드보다 훨씬 더 작은 헝가리는 117억 유로를 할당받는다.

유럽연합 집행위원회는 공동농업정책 지원금만큼이나 중요한 폴란드와 헝가리 기업들에 대한 투자보조금을 4분의 1 가량 삭감하고자 한다. 앞으로는 난민 수용과 통합 또한 이러한 지원금의 평가 기준이 될 것이다. 이런 보조금들과는 달리 폴란드와 헝가리의 농업 직불금은 위험에 놓이지 않았다.

공동농업정책은 유럽연합 전체에 걸쳐 동일하게 적용되며 안정된 수입원이다. 따라서 농업 부문에 대한 재정 지원은 유럽연합의 다른 전통 경제 부문보다 특히 유럽연합의 정치적인 쇠퇴에 맞서는 데 큰 도움이 된다. ●

직불금

작은 성과 큰 혜택

유럽연합 집행위원회는 농가에 지급하는 직불금이 앞으로도 농업정책의 주요 지출 분야로 유지되기를 바란다. 하지만 대부분 돈은 소수 대규모 농업경영체에게만 도움이 되고, 농촌이 직면한 사회와 환경문제는 해결하지 못하고 있다.

직불금은 유럽연합 공동농업정책(CAP)에서 농민의 수입을 지원하기 위한 가장 중요한 수단이다. 직불금 제도는 1992년 도입됐다. 2014년부터 2020년까지 지원 기간 지급된 직불금은 공동농업정책 전체 예산의 72퍼센트를 차지했다.

직불금은 기본으로 생산과 연계될 수도, 분리될 수도 있다. 생산 연계 직불금은 가령 밀 1톤이나 우유 1리터와 같은 생산량, 혹은 경작면적이나 가축 두수 같은 생산요소 투입량에 따라 주어진다.

생산 비연계 직불금은 경작지 면적에 연계돼 있으며, 농민은 생산에 대한 의무를 갖지 않는다. 직불금의 약 90퍼센트는 생산과 분리(비연계)돼 있다. 그 덕분에 예상 판매수익만을 근거로 생산에 대한 결정을 내릴 수 있다. 어떤 결정을 하든 직불금 액수에는 영향이 없기 때문이다.

직불금을 받으려면 농민들은 '교차준수의무'라는 몇 가지 기본 규칙들을 지켜야 한다. 주로 환경보호, 식품안전, 동물과 식물 건강, 동물보호에 관한 규정들이 이에 해당한다. 이 규칙들을 위반하면 직불금이 삭감될 수 있다.

2013년 공동농업정책 개혁 과정에서 직불금의 구조를 바꾸는 개혁이 이뤄졌다. 개혁 뒤 직불금 30퍼센트는 '녹색 직불금(greening payment)'에 배정됐다. 이른바 환경직불금인 녹색 직불금을 받으려면 환경과 기후보호를 강화하는 의무들을 지켜야 한다. 환경단체뿐만 아니라 유럽감사원(European Court of Auditors)도 이 녹색 직불금이 본래의 목표를 지키지 못한다며 비판을 제기한다. 반면, 농민 협회들은 이러한 규칙들이 농장의 요구를 고려하지 않는다며 불평한다.

유럽연합 집행위원회는 2021년부터 이러한 녹색 직불금 정책을 개선하고자 한다. 대신 유럽연합 회원국은 유럽연합과 자금을 공동분담하는 자체 농업환경 프로그램을 더욱 유연하게 운영할 수 있게 될 것이다. 이 프로그램들이 야심찬 목표와 결합하면, 실제로 더 큰 환경 유익을 가져올 수 있다.

직불금이 농민의 수입에 얼마나 큰 영향을 미치는지는 농가 규모와 그 종류에 따라 달라진다. 양돈 또는 가금류 축산업 같이 경작지 면적과 큰 관련이 없는 경우, 그리고 포도밭이나 원예와 같이 면적당 생산성이 매우 높은 경우는 직불금의 중요성이 크지 않다. 하지만 작물을 경작하거나 목장을 운영한다면 직불금이 실제 농업 노동을 통한 수입을 능가할 수 있다.

유럽연합 내 서로 다른 농가 규모는 직불금 분배의 불균형으로 이어졌다. 직불금 수령 대상 20퍼센트에게 직불금 80퍼센트가 돌아간다. 전체 670만 농가 가운데 고작 13만 1,000호 농가에 총액의 30퍼센트 넘게 지급한다. 어디로 보나 유럽연합 평균 수입을 월등히 능가하는 소득을 얻는 농가에 이렇게 막대한 보조금을 주는 것은 정당화되기 어렵다. 집행위원회가 직불금에 상한을 둘 것을 여러 차례 요청했지만, 그 제안은 번번이 약화되어 희석되곤 했다.

돈의 집중
나라마다 직불금 수령 대상 상위 5분의 1이 가져가는 유럽연합 직불금 비중, 단위: %, 2015년

■ 1995년 앞선 유럽연합 가입국   ■ 2004년 뒤 유럽연합 가입국

국가	%
포르투갈	87
이탈리아	80
스페인	78
덴마크	75
스웨덴	73
독일	69
그리스	68
영국	64
오스트리아	58
벨기에	56
아일랜드	56
핀란드	55
프랑스	54
네덜란드	54
룩셈부르크	48
슬로바키아	94
체코	89
에스토니아	86
헝가리	85
불가리아	84
루마니아	84
라트비아	80
크로아티아	77
키프로스	77
리투아니아	77
폴란드	74
몰타	72
슬로베니아	64

유럽연합 많은 회원국에서 농업경영체 5분의 1이 5분의 4 넘는 직불금을 받는다. 이 문제는 기존 회원국보다 신규 회원국들에서 더 심각하다

휴경 보조금과 생계지원금 사이
유럽연합 회원국들의 한 해 공동농업정책 예산 분배, 유럽연합 집행위원회 2021-2027년 제안서, 단위: 10억 유로

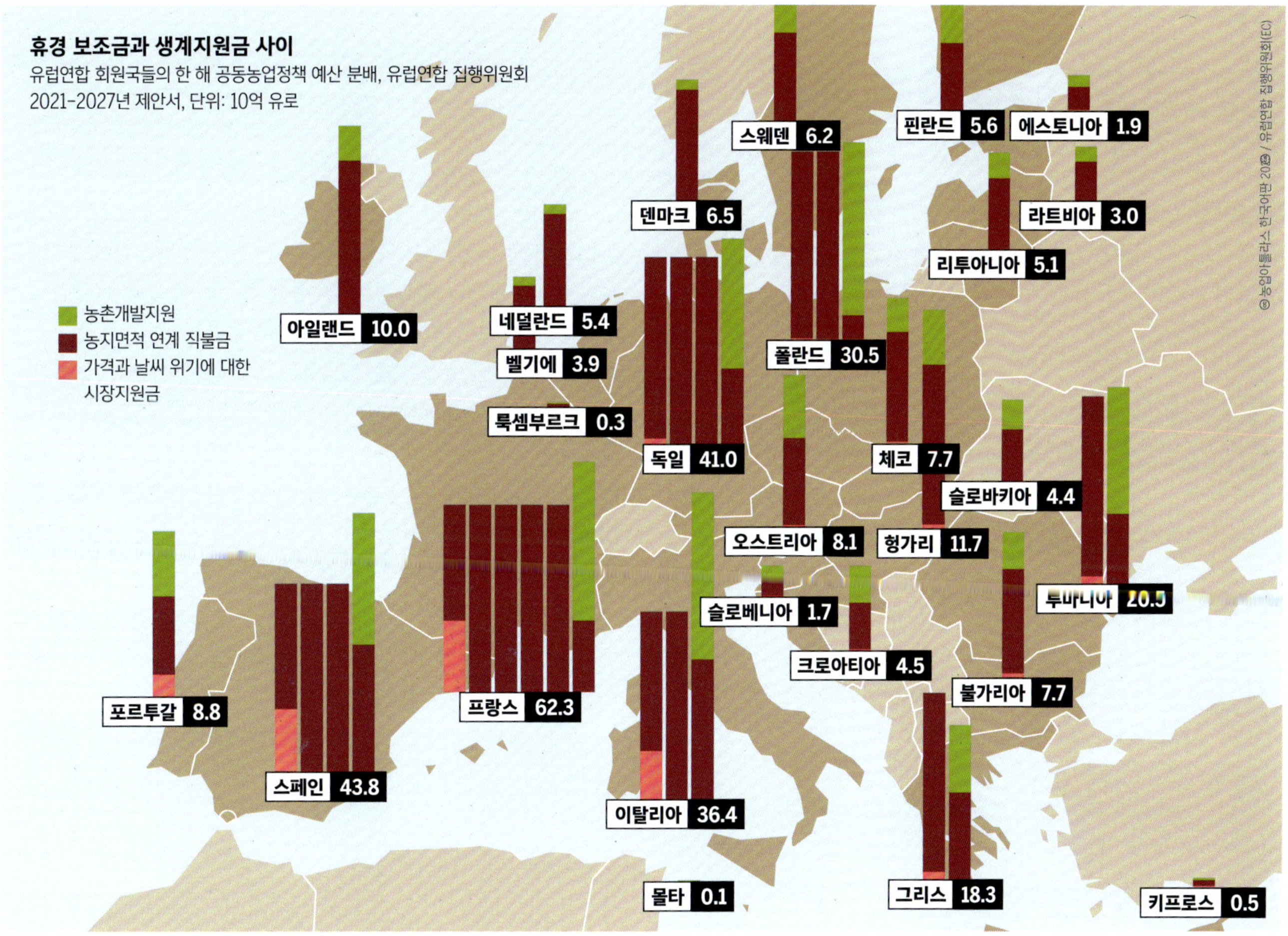

- 농촌개발지원
- 농지면적 연계 직불금
- 가격과 날씨 위기에 대한 시장지원금

스웨덴	6.2
핀란드	5.6
에스토니아	1.9
덴마크	6.5
라트비아	3.0
리투아니아	5.1
아일랜드	10.0
네덜란드	5.4
벨기에	3.9
폴란드	30.5
룩셈부르크	0.3
독일	41.0
체코	7.7
슬로바키아	4.4
오스트리아	8.1
헝가리	11.7
슬로베니아	1.7
루마니아	20.5
크로아티아	4.5
불가리아	7.7
포르투갈	8.8
프랑스	62.3
스페인	43.8
이탈리아	36.4
몰타	0.1
그리스	18.3
키프로스	0.5

직불금 혜택이 오롯이 농민에게만 돌아가는 것도 아니다. 유럽연합 내 농지면적 절반 정도는 임대이다. 토지주들은 임대료를 인상해 손쉽게 보조금 상당 부분을 가져갈 수 있다.

오늘날 직불금의 정당성은 세 가지 주장으로 뒷받침된다.

첫째, 직불금은 농가의 낮은 소득을 높이기 위한 것이다. (하지만 실제로는 주로 부유한 농민들이 직불금으로 이익을 얻는다.)

둘째, 직불금은 위험 요소가 많은 여건에서 농민의 소득을 안정시키기 위한 것이다. (하지만 직불금은 소득과 관계없이 책정된다.)

셋째, 유럽연합 농가는 국제 경쟁자들에 비해 높은 기준을 지켜야 하며 직불금은 이를 보상하기 위한 것이다. (하지만 직불금은 농민들에게 발생하는 추가 비용과는 전혀 무관하게 지급된다.)

2018년 6월, 유럽연합 집행위원회는 2021년 뒤 공동농업정책에 대한 제안서를 유럽 이사회와 유럽 의회에 논의를 위해 제출했다. 집행위원회는 여전히 직불금을 농업 관련 지원의 핵심 요소로 유지하고 있다. 그들은 효율과 그 효과가 떨어지는 불공정한 직불금을 바로잡을 기회를 놓쳤다.

'생산 연계 보조금'은 사실 어려움에 처한 농업 부문을 돕기 위한 것이다. 하지만 이 보조금은 상황이 바뀌었는데도 기존 방식을 유지하는데 쓰인다 가진 자가 더 받는다. 앞으로도 유럽연합 본부로부터 가장 많은 돈을 받는 것은 프랑스의 농업 부문일 것이다

직불금은 농가의 농지면적에 기초해 지급될 뿐, 구체적인 결과나 목표와 연계돼 있지 않아 효율이 떨어진다. 직불금은 수입이 낮은 농가의 근본 문제인 낮은 생산성을 다루지 않기 때문에 효과가 적다. 직불금은 불공평하다. 농업부문뿐 아니라 전체 경제 평균보다 훨씬 수입이 높은 농장에게 직불금이 지나치게 지급되기 때문이다. ●

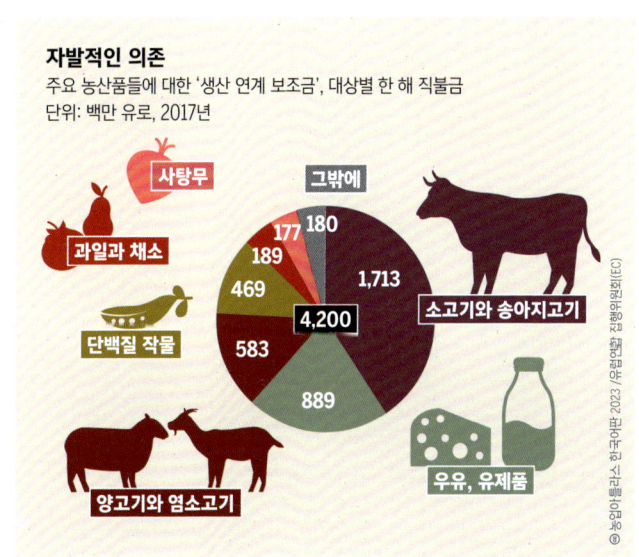

자발적인 의존
주요 농산품들에 대한 '생산 연계 보조금', 대상별 한 해 직불금
단위: 백만 유로, 2017년

- 사탕무 177
- 그밖에 180
- 과일과 채소 189
- 소고기와 송아지고기 1,713
- 단백질 작물 469
- 583
- 4,200
- 889
- 양고기와 염소고기
- 우유, 유제품

농촌
잘못된 절약

유럽연합 농업 지원금의 일부는 생태적이고 지속가능한 농업을 만들 수 있는 분명한 잠재력을 가지고 있다. 하지만 이 지원금 상당 부분은 삭감될 예정이다.

공동농업정책(CAP)은 전통 농업 보조금만 있는 것이 아니다. 공동농업정책은 '기둥'이라 불리는 두 개의 지원 모델이 있으며, 농업뿐 아니라 농촌도 관계돼 있다. 많은 비판을 받는 첫 번째 기둥은 주로 농민 직불금으로 구성돼 있다.

두 번째 기둥은 관련 공식 문서상에서 일컫는 '우수 관리(GAP, 농산물우수관리제도: 농산물 안정성 확보와 농업환경 보전 목적. 100여 개 나라에서 적용, 한국도 2006년부터 시행.*옮긴이 주)'의 적용을 장려하기 위한 것이다. 이러한 우수 관리에 해당하는 것은 생산자 상호 협력이나 기후변화 적응 재배 기술 같이 매우 다를 수 있다.

이 두 번째 기둥은 '공공재를 위한 공적 자금' 원칙을 따르며, 이 점이 첫 번째 기둥과 가장 큰 차이점이다. 이 때문에 두 번째 기둥은 유럽연합 농업정책의 생태, 사회적인 부분으로 여겨진다.

하지만 2014~2020년 지원 기간 전체 농업 보조금 4,090억 유로 가운데 두 번째 기둥에 주어지는 몫은 전체 4분의 1보다 적은 약 1,000억 유로에 그쳤다. 두 번째 기둥의 예산은 회원국이 함께 분담하기 때문에 최종액은 약 1,610억 유로로 늘어난다.

지속가능한 농촌 개발을 위해 이 자금이 얼마나 효과가 있는지는 국가와 지방 정부마다 주어진 자금으로 이행하는 구체 프로그램에 달려 있다. 회원국들은 주어진 예산 15퍼센트를 두 번째 기둥을 증액하거나 감액할 수 있는 재량권을 가지기 때문에, 두 번째 기둥의 효과는 회원국이 얼마나 많은 돈을 두 번째 기둥에 배분하느냐에 달려 있기도 하다.

예를 들어, 오스트리아는 자국에 주어진 유럽연합 농업 기금 44퍼센트를 두 번째 기둥에 투입하는 반면, 프랑스는 불과 17퍼센트만을 두 번째 기둥에 할당했다.

농촌개발기금은 특히 유럽연합 안에서도 인구가 적은 지역에 혜택을 주기 위한 것이다

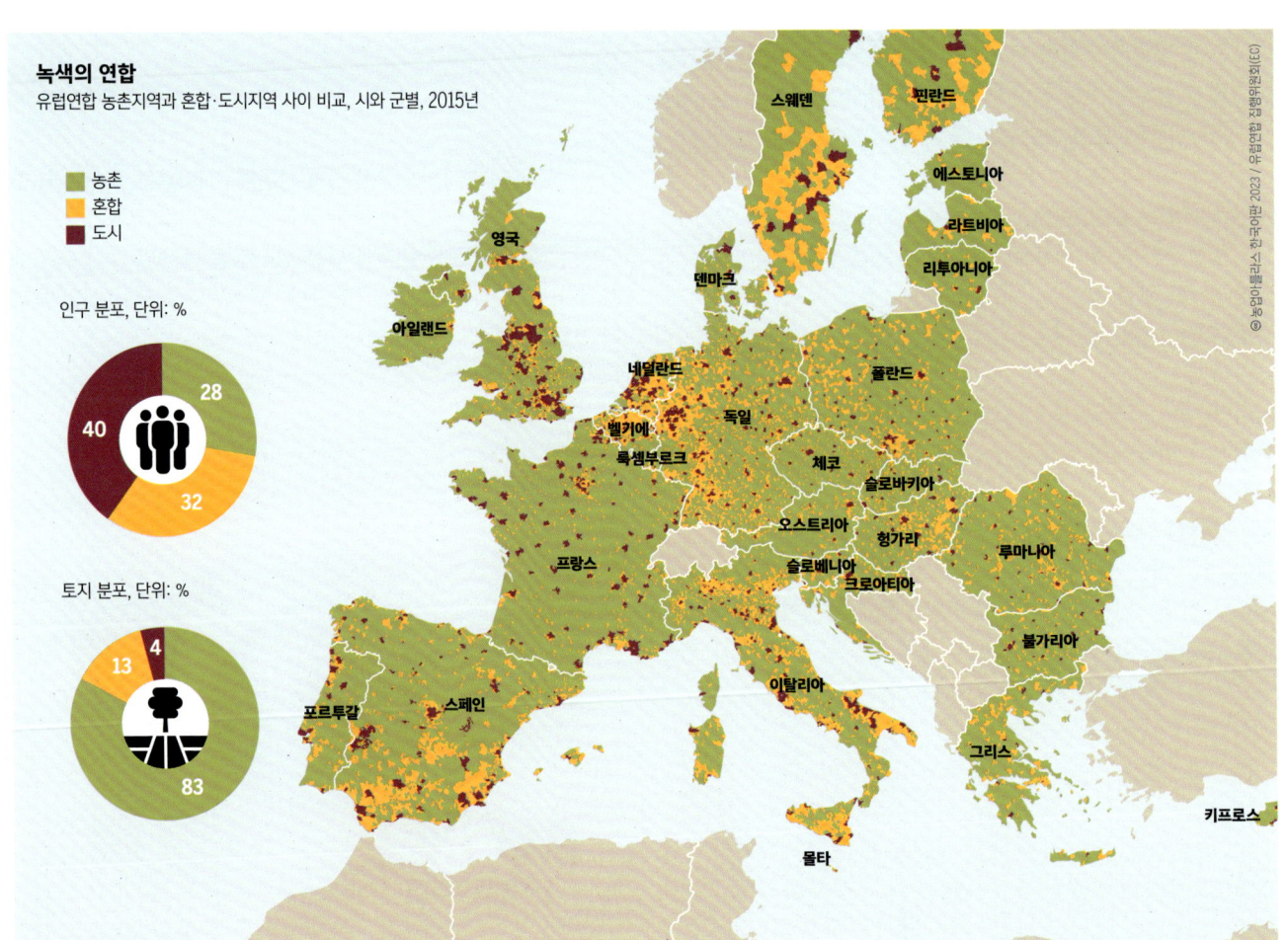

녹색의 연합
유럽연합 농촌지역과 혼합·도시지역 사이 비교, 시와 군별, 2015년

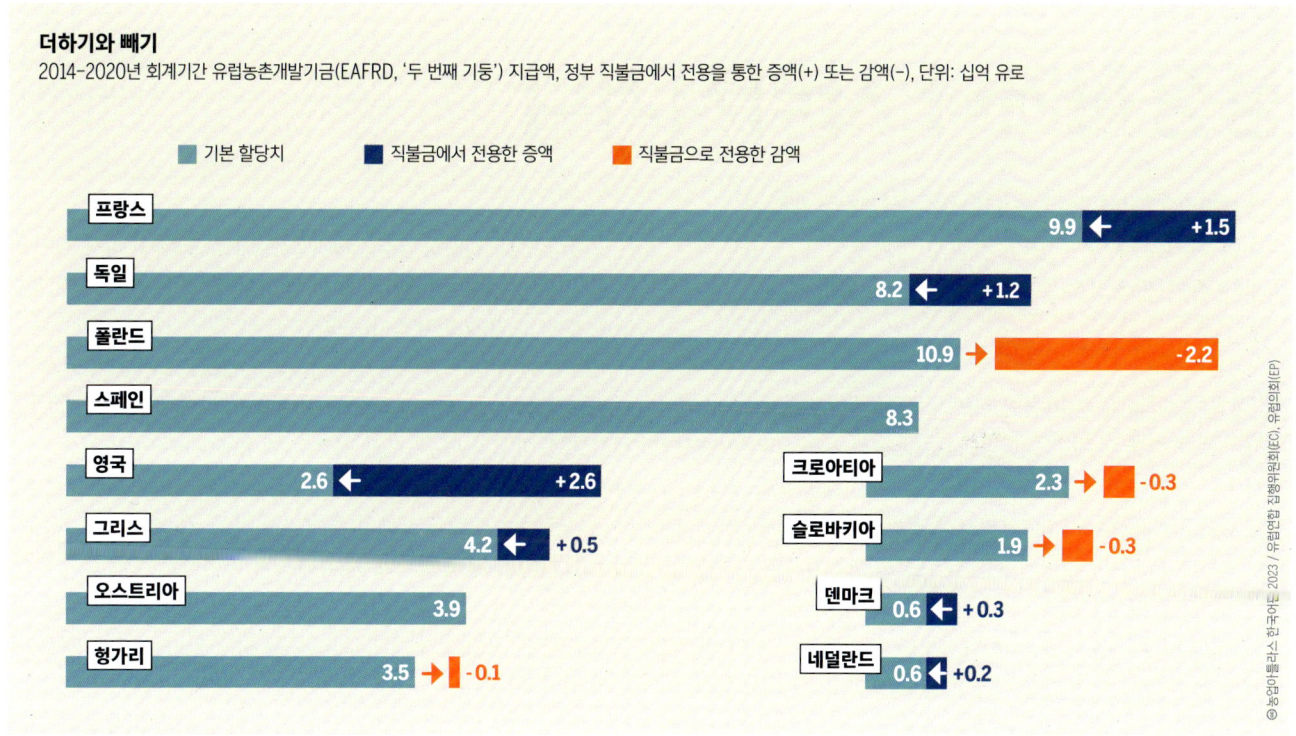

더하기와 빼기
2014-2020년 회계기간 유럽농촌개발기금(EAFRD, '두 번째 기둥') 지급액, 정부 직불금에서 전용을 통한 증액(+) 또는 감액(-), 단위: 십억 유로

두 번째 기둥의 공식 목표는 농업의 경쟁력과 지속가능성, 기후보호, 지역 균형발전을 촉진하는 것이다. 이러한 상위 목표는 지식 전파와 혁신, 수익성과 경쟁력, 동물보호와 위험 관리를 포함하는 공급망 조직, 생태계 보전, 농업과 임업 분야의 기후변화 적응과 기후보호, 농촌 지역의 경제개발 같은 6개 분야로 나뉜다.

유럽연합 인구 5분의 1이 농촌 지역에 살고 있다. 하지만 지역마다 매우 큰 차이가 있다. 두 번째 기둥의 정책 수단들은 이러한 지역마다 필요를 충족하기 위해 유연하게 구성될 수 있다. 국가와 지역 정부들은 저마다 필요에 따라 다양한 선택지가 있고, 여기에는 청년 농민을 위한 창업 지원이나 조림 보조금, 자연재해 대응 기금 같은 사례가 있다.

특히 투자 보조금이나 환경과 기후보호 조치, 기후조건이 나쁘거나 경사가 급한 지역, 토양 질이 나쁜 지역에 지원된다. 이러한 조치들은 최소한 하나의 상위 목표에 기여해야 한다. 예를 들어 유기농업은 세 가지 영역을 모두 포괄한다. 유기농업은 경쟁력을 향상시키고 생태적 지속가능성을 강화하며, 농촌 개발에 기여한다.

정부마다 자국에 맞는 접근방식을 채택하고 있다. 아일랜드는 유기농업을 지원하는데, 유기농업이 생물 다양성, 비료와 살충제 관리를 포함한 수자원 관리, 토양질 개선, 탄소 감축과 고정에 기여하며, 이 모든 요소가 두 번째 기둥의 환경과 기후 목표에 부합하기 때문이다.

한편 40퍼센트 넘는 인구가 농촌에 살며 고령화 위기에 처해있는 리투아니아는 중소 농가의 현대화와 재정 안정에 지원하는데, 중소 농가는 이러한 지원 없이는 유럽연합 시장 안에서 경쟁력이 거의 없다.

반면 네덜란드는 인구의 0.6퍼센트만이 농촌에 거주한다. 따라서 네덜란드는 집약적이고 고도로 전문화된, 수출 지향 농산업의 혁신과 지속가능하고 생태적인 농업을 위한 지원수단에 초점

몇몇 정부들은 농촌을 위해 마련한 의미있는 유럽연합 자금을 직불금 감축분을 메꾸는데 이용한다

을 맞추고 있다.

이와 같은 차이에도 유럽연합 모든 회원국들은 몇 가지 중요한 문제에 공동으로 직면하고 있다. 많은 사람들이 농촌을 떠나고, 남아있는 사람의 평균 연령은 점점 더 높아지고 있는 것이다. 젊은 농민은 드물고, 농장을 설립하려는 사람은 땅을 구하는 데 어려움을 겪고 있다.

중소규모 농장들이 농업을 포기하는 동안 대규모 농업경영체들은 갈수록 커져가고 있다. 게다가 인터넷 같은 디지털 서비스에 대한 접근성이 대개 좋지 않다. 두 번째 기둥의 중요한 과제는 이러한 공동 문제를 해결하는 것이다.

두 번째 기둥에서 나오는 유럽연합 자금의 최소 30퍼센트는 환경과 기후 목표를 위해 사용해야 한다. 하지만 2018년 여름 유럽연합 집행위원회는 다른 것도 아닌 두 번째 기둥 예산을 약 27퍼센트 감축할 것을 제안했다. 그 뒤에는 농업 보조금 전반이 축소됐지만 농가에 대한 직불금은 기존만큼이라도 유지하기 위한 노력이 부분으로나마 작용했다.

하지만 이러한 조치는 되레 거센 저항을 받았다. 두 번째 기둥은 지역마다 필요에 맞게 조정되고 개별 사업체보다는 전체 이익에 도움이 되기 때문에 대체로 공동농업정책의 가장 합리적인 부분으로 여겨진다. 만약 유럽연합이 농촌의 수많은 사회, 경제, 환경의 문제들을 다루고, 농업이 기후변화에 적응하기를 진정으로 바란다면 두 번째 기둥의 예산은 온전히 유지돼야 한다. ●

농장 폐쇄
성장하거나 사라지거나

농업정책은 대규모 농업경영체보다 소규모 농가들을 충분히 지원하지 않고 있다. 소규모 농가는 후계자 확보에 어려움을 겪는다.

유럽 농업과 농촌 지역의 현황은 공동농업정책(CAP)의 시작과 함께 크게 변화했다. 오늘날 규모는 더 커지고 수는 더 적어진 기업들이 유럽 사람들에게 먹거리를 제공한다. 최근 수치를 보면 2003년부터 2013년까지 유럽연합 농업경영체 가운데 4분의 1이 문을 닫았다. 이러한 감소 현상은 모든 유럽 국가에 걸쳐 일어나고 있다.

농업경영체의 농지 면적 증가를 보면 체코가 선두주자다. 지난 10년 동안 체코의 농지 면적은 평균 80헥타르에서 130헥타르로 늘어났다. 축산도 비슷한 추세를 볼 수 있다. 2013년 유럽연합의 가축 4분의 3이 대규모 농장에서 사육됐다. 축사 규모가 작은 곳에서 사육되는 가축 수는 2005년 뒤로 절반 넘게 줄었다. 유럽연합 국가 절반은 대가축(소 1마리, 돼지 5마리, 양 10마리에 규모)에 해당하는 동물을 4분의 3 넘게 대규모 농장에서 사육했다. 베네룩스 국가(벨기에, 네덜란드, 룩셈부르크)와 덴마크는 90퍼센트가 넘는다. 반면 루마니아는 전체 가축 3분의 1 넘게 소규모 농장에서 사육하고 있다.

유럽연합 통계에 따르면 농업경영체는 농지 크기와 수입에 따라 매우 작은 규모, 소규모, 중규모, 대규모, 매우 큰 규모 이렇게 다섯 가지 범주로 나뉜다. 대다수 매우 작은 경영체 또는 작은 가족 경영체는 농장 수와 노동력으로 크기가 분류된다. 이들의 수는 크게 줄어들고 있다.

대규모 농업경영체 또는 매우 큰 농업경영체 경우는 경제적인 이득을 얻고 있다. 전체 유럽연합 농업경영체에서 100헥타르가 넘는 농지를 가진 경영체는 3퍼센트밖에 안 된다. 이 숫자가 10년 사이 약 16퍼센트 증가했고, 이들이 현재 전체 농촌 지역의 농지 52퍼센트를 사용하고 있다.

이러한 대규모 농업경영체가 확장되는 모든 곳에서 일자리 손실, 다양한 재배 체계와 품종의 단순화, 집약 농업 방식과 그에 따른 환경 오염이 뒤따른다.

반면 유럽연합 전체 농업경영체의 작물 품종 가운데 최소 80퍼센트에 이르는 다양한 품종을 10헥타르 아래 소규모 농업경영체가 생산하고 있다. 하지만 이들은 가용 토지의 약 10퍼센트 가량만을 사용한다.

이들의 숫자도 급격하게 줄어들고 있다. 2003년부터 2013년까지 사라진 소규모 경영체 96퍼센트가 10헥타르 아래 농지를 가진 곳이었다. 소규모 경영체들은 시장에서 낮은 식품 가격 때문에 생산 비용을 감당할 수 없는 어려움을 겪고 있다. 이익을 얻는 것은 생산자들이 아닌 농식품 가공 기업과 유통 기업들이다.

이러한 추세는 농산물 시장의 자유화뿐 아니라 보조금과 시장 규칙을 포함한 유럽연합의 농업정책에서도 찾아볼 수 있다. 생산품과 업종별 보조금 지급은 과거 농업경영체의 전문화를 촉진했다. 2003년부터 유럽연합 농민들은 농지 면적에 따라 직불금을 받게 되면서 더 많은 농지를 소유할수록 더 많은 돈을 받게 됐다.

이러한 지원이 농가 소득의 상당한 부분을 차지할 경우 더 많은 토지를 사들이고자 하는 자극을 받게 된다. 기존에 이미 넓은 농지를 경작하고 있는 대규모 경영체는 농지에 상응하는 더 많은 자본을 소유하게 되고, 이를 통해 대출을 받아 계속 토지를 더 사들일 수 있게 된다. 새롭게 농업에 뛰어들어 방법을 찾고 있는 사람들은 이런 혜택을 얻을 수 없다.

직불금은 더 안좋은 경제 조건에도 많은 사람들이 계속해서

유럽연합 지원금을 많이 받은 대규모 농업경영체는 자본이 부족한 소규모 농가보다 성장하기 훨씬 쉽다

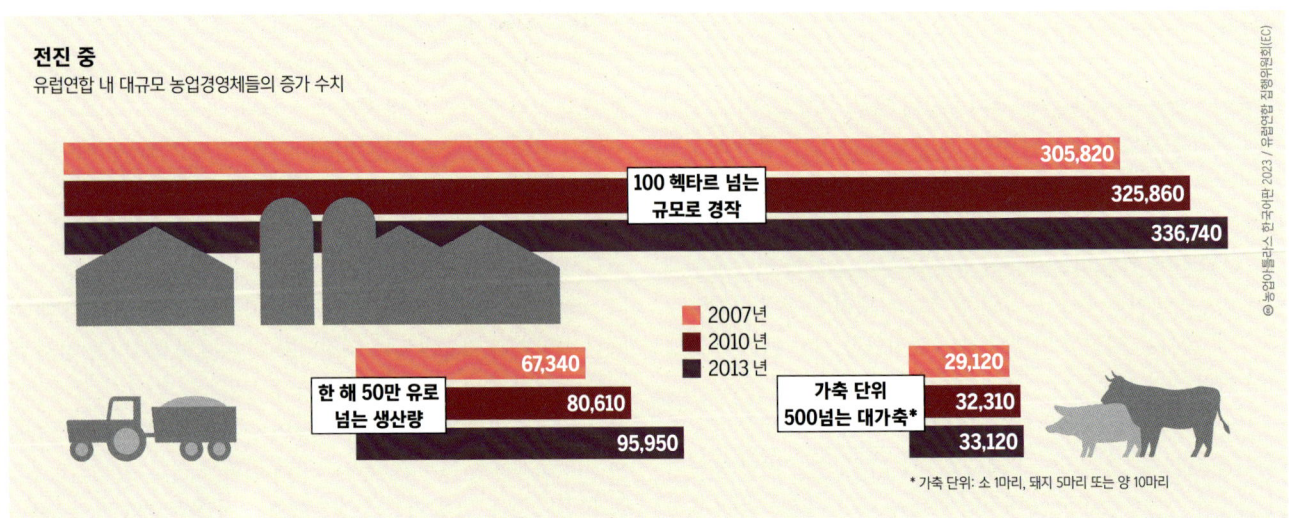

전진 중
유럽연합 내 대규모 농업경영체들의 증가 수치

100 헥타르 넘는 규모로 경작
- 2007년: 305,820
- 2010년: 325,860
- 2013년: 336,740

한 해 50만 유로 넘는 생산량
- 2007년: 67,340
- 2010년: 80,610
- 2013년: 95,950

가축 단위 500넘는 대가축*
- 2007년: 29,120
- 2010년: 32,310
- 2013년: 33,120

* 가축 단위: 소 1마리, 돼지 5마리 또는 양 10마리

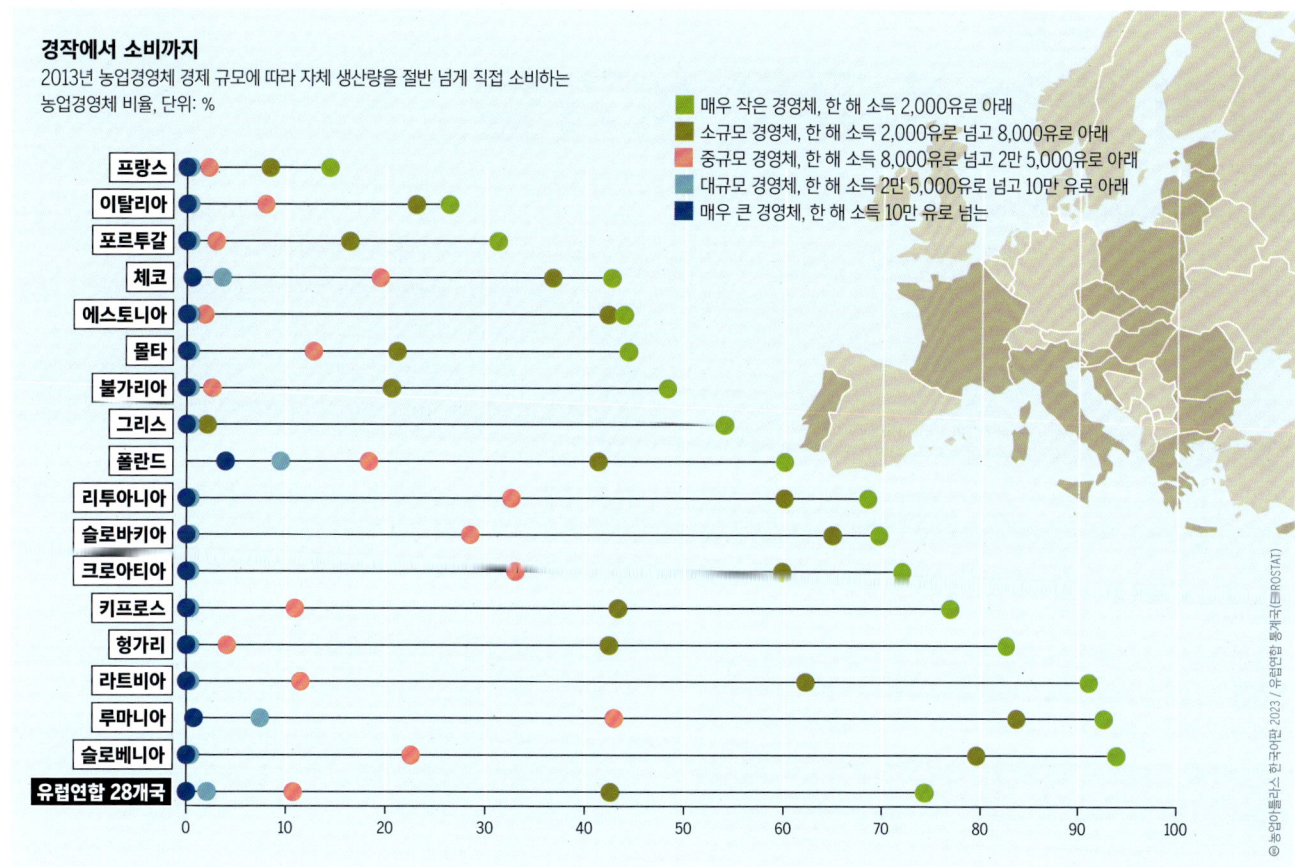

농업에 일하는 것을 가능하게 한다. 하지만 직불금은 토지 소유를 더 어렵게 하고, 더욱이 멀리 보면 다음 세대가 농장이나 토지를 마련하는 것을 불가능하게 한다. 2013년 공동농업정책 개혁 뒤로 소규모 농업경영체들이 이전보다 더 많은 돈을 받게 되었지만, 농장 폐쇄를 막지는 못했다.

청년 농민들을 위한 지원은 1980년대 뒤로 계속 있었지만, 농업을 통해 이득을 얻기에는 충분하지는 않다. 현재 농업정책은 전체 예산의 약 2퍼센트를 청년 농민들에게 지원하지만, 이 금액은 그들의 필요를 채우기에 충분하지 않다. 그뿐만 아니라 이러한 지원금은 창업 지원을 위한 국내 정책과 밀접하게 연결되어 있지 않다.

2007년부터 2013년 사이 청년 농민 약 19만 명이 지원을 받았지만, 몇 년 안에 65세 넘는 농민 350만 명이 은퇴할 것으로 예상된다. 은퇴를 앞둔 대부분 농민은 중소규모 가족농장을 운영하고 있는데, 이들의 농장을 인수할 사람이 없는 상황이다.

그렇지만 놀랍게도 많은 사람이 농업정책을 통한 지원 여부와 관계없이 농업에 뛰어들길 원한다. 많은 사람이 농업 스타트업 보조금, 토지 공동 소유, 농업 협동조합과 같은 새로운 아이디어를 통해 이익을 얻고 있다.

많은 새로운 농장들은 새롭고 창의성 있게 운영하고, 유기농업을 하며, 도시에 사는 고객들에게 직접 배달하고, 협동농업에 참여하거나 생산품을 직접 가공한다. 이러한 모든 시도들은 더 많은 가치를 창출한다. 지역에 생산품을 공급하고 더 많은 일자리와 환경보호에 기여한다.

유럽과 회원국, 지역 차원에서 새로운 농업경영체들을 장려하기 위한 이런 장치들은 농업의 세대 변화를 촉진하고, 유럽의 농업 구조를 견고하게 하며, 일자리를 늘리고, 식량과 재배 체계를 더욱 생태적인 구조로 만들 수 있을 것이다. ●

유럽연합 전역 중간 규모와 대규모 농업경영체들은 시장을 위해 생산하지만, 동유럽 지역 소규모 농업경영체는 여전히 거의 모든 생산물을 직접 소비한다

유럽연합 농민 3분의 1 가량은 은퇴할 나이이다. 그럼에도 농업을 시작하고 싶어 하는 사람들은 어려움을 겪는다

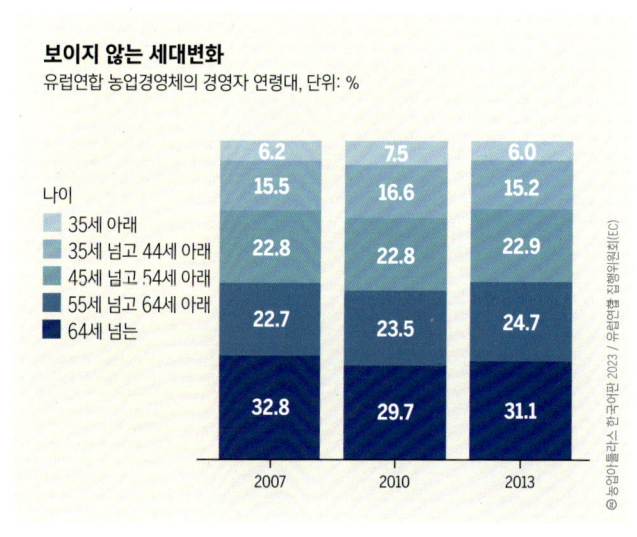

독일의 농업구조 변화
압박 받는 소규모 농가들

대부분 독일 사람들은 농장이 폐쇄되는 것을 좋아하지 않는다. 농장 폐쇄를 막으려면 미래 농업이 어떤 모습이어야 할지에 대한 사회의 공동 목표를 세워야 한다.

2017년 독일은 농장 약 27만 개, 농지 평균 약 60헥타르, 농업에 94만 명이 종사했다. 절반 가까운 농장이 부업으로 운영되고, 가계 소득의 대부분을 농업이 아닌 영역에서 얻었다. 농업 구조는 지역마다 크게 차이가 났다. 왜냐하면 지역 경관이나 환경뿐만 아니라 역사와 정치 경제, 법적 조건이 다르기 때문이다.

독일 동부 지역은 독일 연방 전체 농업경영체 가운데 10분의 1만 운영되고 있다. 규모는 대체로 독일 서부 지역보다 매우 크다. 서부 지역의 평균 농지 면적 47헥타르에 비해 동부 지역 평균 농지는 224헥타르다. 이곳은 서부 지역보다 분명하게 더 많은 유한회사(GmbH), 협동조합(Genossenschaft), 주식회사(Aktiengesellschaft)로 운영되며, 동부 지역은 15퍼센트, 서부 지역은 0.7퍼센트다. 특히 동부 지역 메클렌부르크포어포메른 주와 작센 안할트 주에는 대규모 농업 경영체들이 있다. 이곳 직원 수는 100헥타르마다 1.2~1.4 명밖에 되지 않는다.

반면 독일 남부는 이것보다 더 작은 농업 구조인데, 이곳에서는 농장마다 더 적은 수의 가축을 사육하고 있으며, 과일이나 포도 같은 특수 작물들을 더 많이 재배한다. 이 지역에서는 생산량에 따라 일하는 사람을 늘리거나 줄인다. 포도 재배와 채소 생산지인 라인란트팔츠 주는 100헥타르마다 4.7명이 일한다. 독일 북서부 지역인 니더작센 주와 노르트라인베스트팔렌 주는 돼지와 가금류를 노동 집약방식으로 생산한다.

독일의 농업은 빠르게 변하고 있다. 소수 농업경영체가 더 넓은 농지 면적과 더 많은 수의 가축을 관리하게 됐으며, 더 많은 자본을 가지고 적은 정규직 노동자와 많은 비정규직 노동자로 농장을 운영하고 있다. 1990년 중반 이래 독일의 농장 수는 반으로 줄어들었다. 일하는 사람 수도 3분의 1가량 줄었다. 농업 분야 직원 한 사람에 투자하는 자본은 53만 6,000유로로, 독일 평균 경제활동 인구 한 사람에 투자하는 40만 8,000유로보다 훨씬 더 높다. 이는 농업 분야 인건비 절감에 따른 강한 투자 의지를 보여준다. 대규모 농장은 보통 동부 지역에 많고, 서부 지역은 1,000헥타르 넘는 농지 면적을 가진 농장이 47곳 정도이고, 대부분 농장은 슐레스비히홀슈타인 주와 니더작센 주에 있다.

발전, 끝없는 성장, 전문화, 집약화를 이루는 요인과 동력은 다양하다. 많은 농업경영체들은 농장을 안전하게 이어나갈 후계자가 부족하다. 기술의 진보는 합리화를 가능하게 하며, 또한 요구하기도 한다. 그리고 패자가 포기하게 되는 치열한 가격 경쟁이 지배하게 된다. 많은 사람이 이러한 발전을 문제로 인식하고 있다. 하지만 이 추세를 멈추고 제한하려는 정책은 아직까지 없다. 유럽연합의 공동농업정책(CAP)이 아직까지 '조건불리지역'에 우선해서 보조금을 지급하는 지원 모델을 고수하고 있기 때문이다.

2014년부터 2020년까지 독일은 공동농업정책 예산 가운데 한 해 약 61억 유로를 배당 받았다. 그 가운데 13억 유로 정도만 농촌 지역의 경제와 환경에 기여하기 위한 농업 부문과 또 다른 경제 행위자에게 사용한다. 하지만 예산 대부분인 48억 유로는 농업경영체에 직불금으로 사용되며 대부분 농지 면적에 비례해 지불한다. 해당 지원금은 농지 면적(1헥타르)마다 한 해 약 280유로로 책정돼 있다.

대부분 돈은 월등하게 넓은 농지를 가진 바이에른 주와 니더작센 주로 흘러 들어간다. 연간 9억 7,600만 유로, 경우에 따라서 7억 7,500만 유로가 지급된다. 반면 독일 동부의 다섯 개 주에는 총 15억 유로 가량만이 지급된다. 개별 경영체로 지급되는 금액은 경영체 규모가 결정짓는다. 따라서 2016년에는 직불금의 약 20퍼센트 가량이 전체 농업경영체에서 가장 큰 농업경영체 약 1퍼센트에 지급됐다.

독일 학계와 시민사회는 이러한 지원금이 농업경영체에 정말 필요한지를 따져 배분하지 않고 있으며, 사회 이익과도 연결되지 않는다고 강력하게 비판한다. 그럼에도 독일 연방정부는 이를 위해 방법을 찾는 것을 거부하고 있다. 독일 정부는 농업경영체들

독일 서부 지역의 농장 수는 계속 줄고 있다.
독일 동부 지역은 대규모 농업경영체가
소규모 농업경영체로 나뉘고 있다

사라지는 농장
2010년과 비교해 2018년 연방별 농업경영체 감소 수와 비율
단위: 경영체 수, %

문 닫음
- 5~10% 아래
- 10~15% 아래
- 15% 넘는

새로 엶
- 5% 아래

슐레스비히홀슈타인 -1,640
메클렌부르크포어포메른 +200
니더작센 -4,720
브란덴부르크 -280
작센안할트 +210
노르트라인베스트팔렌 -4,640
헤센 -1,890
튀링엔 -200
작센 +180
라인란트팔츠 -3,840
자를란트 -160
바덴뷔르템베르크 -4,700
바이에른 -13,860

시(베를린, 함부르크, 브레멘) 제외

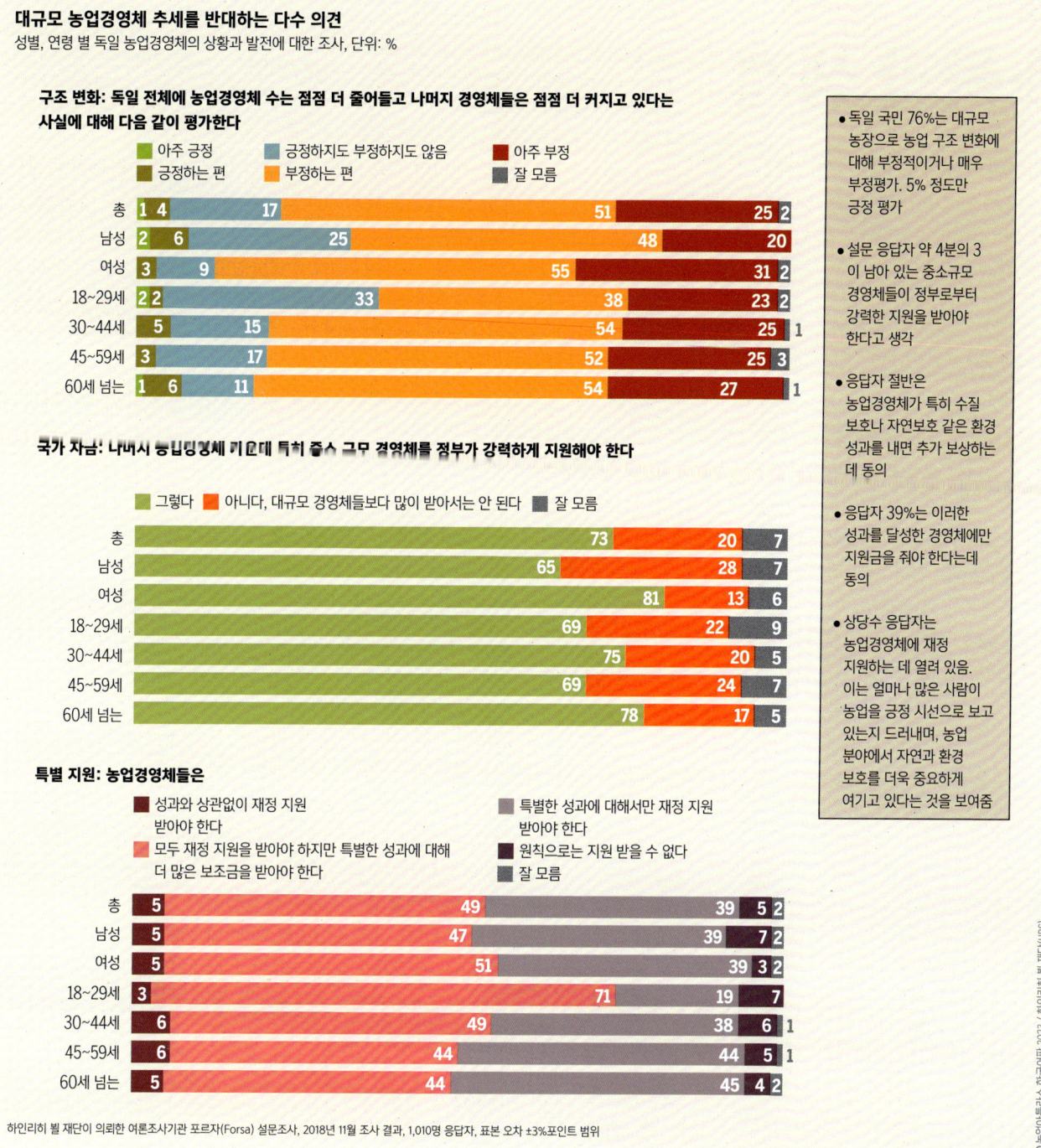

이 환경과 기후와 관련해 달성한 성과에 대한 보상을 위해 직불금의 15퍼센트를 전용할 수 있다. 하지만 이 자금의 4.5 퍼센트 만을 보상에 사용하고 있다. 정부는 또한 해마다 소규모 경영체에 국내 직불금을 최대 30퍼센트까지 지급할 수 있다. 하지만 약 7퍼센트 정도의 예산만 쓰고 있다.

녹일은 원한다면 지금이라도 농업을 새롭게 조직할 수 있으며, 적어도 일부만이라도 바꿀 수 있다. 이같은 전환은 공동농업정책이 의미 있는 실천 가능성을 가지고 있기 때문에 실패하지 않는다. 다만 정치 의지가 결여되어 있거나 잘못된 목표를 설정할 경우, 혹은 지원을 통해 이익을 얻는 이들이 로비활동을 펼쳐 이해관계를 관철할 때에는 실패할 수 있다.

유럽연합 집행위원회의 공동농업정책에 대한 최신 제안인

설문조사는 다양한 농업 구조를 유지하는 것이 여성에게 특히 중요하지만, 젊은 층에게는 덜 중요하다는 것을 보여준다

농업경영체 마다 지급하는 토지 보조금에 상한선을 설정하자는 것은 2020년 뒤에나 가능해질 것이다. 동시에 직불금은 앞으로도 지속해서 합법으로 지급하는 것을 승인한다는 말이다. 공동농업정책 일환으로 직불금이 지급되는 동시에 농장마다 토지 보조금 최고액을 설정하자는 유럽 집행위원회의 제안은 2020년 뒤에 법제화되고 승인될 것이다. 독일의 농업 구조를 지속가능하게 만들기 위해서는 농업에 어떤 과제가 있는지 사회가 합의한 목표 설정이 필요하다.

노동
소득과 생계

유럽연합의 소규모 농업경영체에는 수백만 개 일자리가 있지만 아주 적은 수익만을 내고 있다. 노동에 대한 평가 기준이 적절하지 않다면 이는 바뀌어야 한다.

유럽연합은 2,200만 명이 넘는 사람이 농업 분야에서 일한다. 하지만 모두가 농업으로 생계를 유지할 수 있다는 것을 뜻하지는 않는다. 여러 농업 노동자들은 특히 수확기 동안 단시간 노동이나 계절 노동자로 일한다. 이 비율은 소규모 농업경영체가 많은 나라에서 특히 높다. 예를 들어 루마니아는 농업 분야에서 전일제로 일하는 사람은 1.5퍼센트 밖에 되지 않는다.

단시간 노동이나 계절 노동자를 포함해 2016년 농업 분야 전일제 고용직은 약 950만 명으로 이는 유럽연합 전체 일자리 4.4퍼센트에 해당한다. 노동시장에서 농업 부문의 중요성은 나라마다 크게 다르다. 영국과 독일은 농업 분야 일자리 점유율이 2퍼센트 아래이며, 루마니아, 불가리아, 그리스, 폴란드는 10퍼센트가 넘는다. 하지만 농업 분야 일자리 점유율은 대부분 줄고 있다. 현재 28개 유럽연합 회원국에서 2005년부터 2016년 사이 농업 분야 일자리는 4분의 1 넘게 줄어들었다. 프랑스는 1955년 당시 농업이 전체 고용의 27퍼센트를 차지했다. 현재는 3퍼센트 수준이다.

농업경영체 대부분은 가족 구성원을 포함해 농장 소유주가 직접 노동한다. 이 노동력은 전체 노동의 약 4분의 3을 차지한다. 전체 경제활동 영역에서 여성이 차지하는 비율은 45.9퍼센트인데, 농업 분야에서 일하는 여성은 31.5퍼센트로 더 적다. 농업 분야 여성 노동 비율이 가장 낮은 두 국가는 덴마크와 아일랜드로 19.9퍼센트와 11.6퍼센트다.

농업 분야 노동의 상당 부분은 자본이 투입돼 기계로 대체됐다. 이러한 변화는 앞으로 계속될 것이다. 화학제품 사용, 기계화, 디지털화는 생산성을 더욱 높이고, 점점 더 많은 노동자를 대체할 것이다. 특히 동유럽과 남유럽 국가에서 실업률이 높아지고, 일자리가 사라지는 큰 사회문제가 발생하고 있다.

동시에 직업 유형이 빠르게 변화하고 있다. 자영업과 가족경영이 줄고, 임금 노동자 비율이 늘고 있다. 하지만 이러한 일자리들은 자주 불안정하다. 단기 계약과 이주 노동 형태가 널리 퍼지고 있다. 유럽농민조합협회인 유럽농식품과 관광노조연합(European Federation of Food, Agriculture and Tourism Trade Unions, EFFAT)의 2010년 한 연구에 따르면 유럽 내 농업 활동 약 25퍼센트가 불법 노동이다.

유럽연합 공동농업정책(CAP)의 기존 목표 가운데 하나는 농업 노동자들의 소득 안정화였다. 하지만 이 목표를 담은 자료집에는 일자리를 확보하거나 좋은 노동 조건을 제공해야 한다는 내용이 포함돼 있지 않다. 전체 경제활동과 비교해 농업 생산성이 낮다. 이는 노동 시간당 부가가치 생산성이 평균보다 훨씬 낮다는 뜻이다. 이것은 유럽연합 공동농업정책의 일환인 직불제(Direct Payment Program, DPP)를 연장하기 위한 핵심 주장이었다. (유럽연합 농민 직불제는 1992년 앞뒤로 농산물 과잉생산에 따른 재정부담과 농산물 교역 분쟁 완화를 위해 목표가격 설정과 수출보조금 같은 시장 조치 중심의 공동농업정책 기조를 바꾸면서 시작됐다. 농가 소득을 보존하는 쪽으로 전환하면서 농업생산물, 경작면적을 기준으로 보조금을 지급해 왔다.*옮긴이 주) 그러나 농업 분야 소득에 대해 실제 농민들이 얼마를 버는지 알기 어려운데, 이는 많은 농민에게 농업은 유일한 수입원이 아니기 때문이다.

직불금은 농가 소득 평균의 상당 부분을 결정할 수 있다. 이

고용주로서 대규모 농업경영체
2013년 유럽연합 회원국 농업경영체 연매출 규모에 따른 전임 노동력(환산치) 분포
단위: 유로(농업경영체 연매출), %(노동력 고용 비중)

- 2,000유로 아래
- 2,000유로 넘고 8,000유로 아래
- 8,000유로 넘고 2만 5,000유로 아래
- 2만 5,000유로 넘고 10만 유로 아래
- 10만 유로 넘는

루마니아, 폴란드, 포르투갈 같은 국가에서는 고용주로서 높은 수익을 내는 농업경영체에 의미를 두지 않지만, 체코와 네덜란드에서는 수익이 높은 경영체가 고용 시장을 지배한다

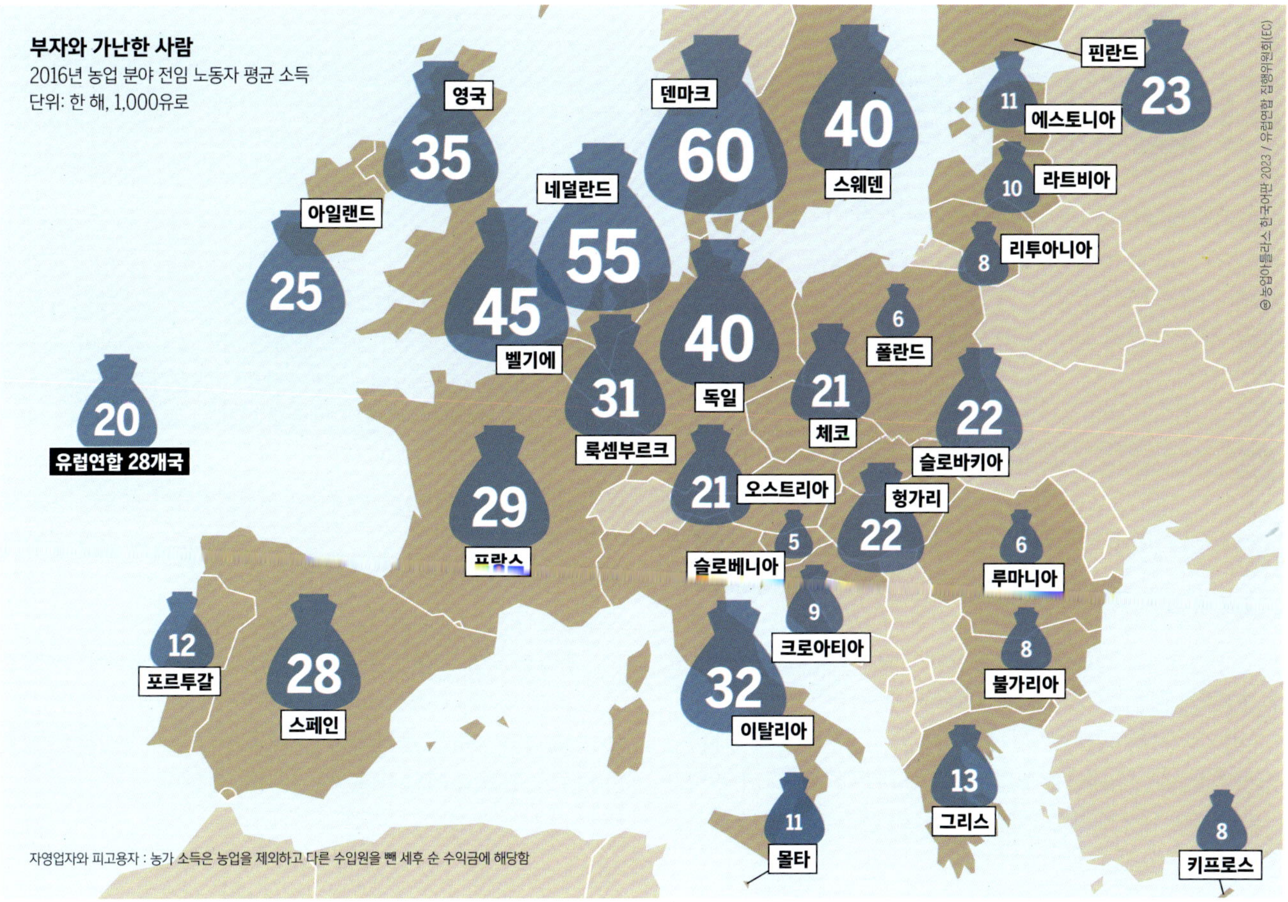
부자와 가난한 사람
2016년 농업 분야 전임 노동자 평균 소득
단위: 한 해, 1,000유로
영국 35
아일랜드 25
네덜란드 55
벨기에 45
덴마크 60
스웨덴 40
핀란드 23
에스토니아 11
라트비아 10
리투아니아 8
독일 40
폴란드 6
룩셈부르크 31
체코 21
슬로바키아 22
유럽연합 28개국 20
프랑스 29
오스트리아 21
헝가리 22
슬로베니아 5
루마니아 6
크로아티아 9
포르투갈 12
스페인 28
불가리아 8
이탈리아 32
그리스 13
몰타 11
키프로스 8
자영업자와 피고용자 : 농가 소득은 농업을 제외하고 다른 수입원을 뺀 세후 순 수익금에 해당함
ⓒ농업아틀라스 한국어판 2023 / 유럽연합 집행위원회(EC)

유럽연합 농업 분야 소득 수준은 북서부 유럽에서 남동부 유럽으로 뚜렷한 기울기를 나타낸다

금액은 현재 물가 수준에 상관없이 면적에 따라 또는 가축 수에 따라 이뤄지며, 농업 소득 변화에 크게 영향을 미친다. 2014년과 2016년 사이 우유처럼, 가격이 떨어지면 생산자들은 생존 문제에 직면한다. 가격이 오르면 보조금 없이도 수익을 낼 수 있거나 긴급하게 추가 자금이 필요하지 않은 농가에도 보조금이 지급된다. 넓은 토지를 소유하는 경영체일수록 보통 면적마다 더 적은 수의 노동자가 일하고 있기 때문이다. 노동력이 아닌 면적에 따라 지급되는 직접 지불 방식은 일자리를 늘린다기보다는 농업경영체를 확장시키고 토지 가격을 높인다.

2013년 공동농업정책 개혁은 무엇보다도 다른 농업경영체들과 비교해 더 많은 사람을 고용하는 소농들을 보호하기 위한 것이었다. 이를 위해 추가 보조금 지원이 마련됐지만, 회원국마다 재량에 따라 시행됐다. 여러 정부에서 이 추가 자금을 전혀 지급하지 않았고, 어떤 정부에서는 삭감된 형태로 지급했다. 이들은 농가마다 지급되는 보조금을 최대 30만 유로로 제한할 것을 거부했다. 그 결과 규모가 큰 농업경영체들이 공동농업정책의 가장 큰 수혜자가 됐다.

공동농업정책 보조금을 받으려면 환경 요구 사항을 충족해야 한다. 이와 반대로 농업 분야의 노동 기준에 대한 요구 사항은 아직 존재하지 않는다. 노동자들을 훈련시키고, 이들에게 적절한 임금을 지급하며, 건강과 안전 기준을 준수해야 한다는 조항을 명시하는 것은 공동농업정책을 위한 중요한 보완 사항이 될 것이다. ●

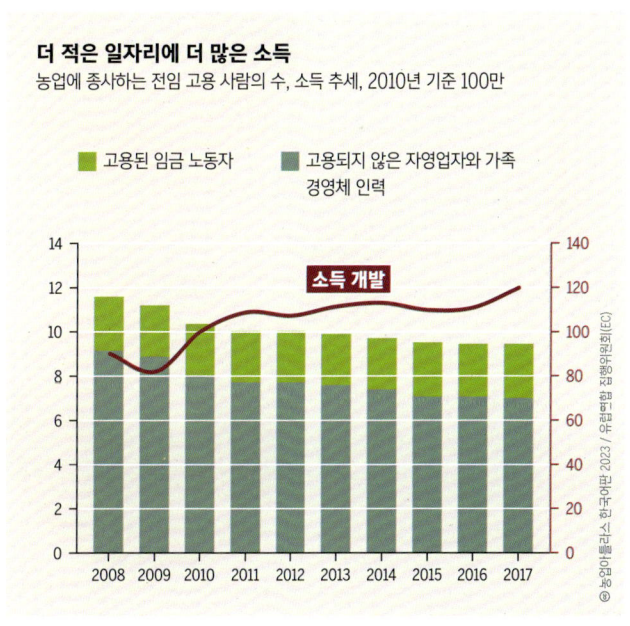

더 적은 일자리에 더 많은 소득

농업에 종사하는 전임 고용 사람의 수, 소득 추세, 2010년 기준 100만

고용된 임금 노동자
고용되지 않은 자영업자와 가족 경영체 인력
소득 개발
0
2
4
6
8
10
12
14
0
20
40
60
80
100
120
140
2008
2009
2010
2011
2012
2013
2014
2015
2016
2017
ⓒ농업아틀라스 한국어판 2023 / 유럽연합 집행위원회(EC)

전체 농업 부문의 소득은 증가하고 있다. 그 이유는 대규모 경영체들의 소득이 향상되고, 많은 저임금 노동자들이 일을 그만두었기 때문이다

농지 가격
자본의 비정상 발전

유럽연합의 새로운 회원국들이 직불제를 시작하자 그 나라에서 토지 구매 물결이 일었다. 그 뒤로 토지 가격이 계속 뛰어올랐다. 큰 농기업과 금융 투자자들과는 달리 재정 규모가 작은 농가에게는 기회가 없다.

토지 소유의 집중은 유럽 농업에 지대한 영향을 미친다. 이는 가장 중요한 자원인 비옥한 토지와 관련된다. 많은 사람이 땅을 소유하고 있지만, 그곳에서 일하는 농민 수는 점점 줄어들고, 산업형 농업경영체가 중소 농장의 토지를 넘겨받고 있다. 2013년 유럽연합 전체 농업경영체 가운데 3.1퍼센트에 해당하는 소수 경영체가 유럽연합 토지를 절반 넘게 사용했고, 그 밖의 농업경영체 4분의 3은 11퍼센트 면적으로 생계를 이어가야 했다.

1990년부터 2013년까지 일부 서유럽 국가들은 100헥타르 넘는 토지를 소유한 대규모 농업경영체 수가 두 배로, 그 밖의 다른 국가에서는 심지어 다섯 배로 늘었다. 이 큰 농장들이 경작하는 토지 면적도 그만큼 늘어났다.

오늘날 유럽연합의 토지 분배는 부의 분배보다 훨씬 더 불균형하다. 유럽의회는 소규모 농장과 가족농이 위협 받고 있으며, 이 소규모 농업경영체를 다기능 농업 분야의 매우 중요한 축으로 보고 있다. 그럼에도 유럽연합 공동농업정책(CAP)에 따른 80퍼센트 넘는 직불금이 상위 20퍼센트 농업경영체에 돌아가고 있다.

소수가 광범위한 토지를 소유하는 상황은 동유럽 국가인 슬로바키아, 체코, 헝가리, 불가리아, 루마니아에서 두드러진다. 2004년과 2007년 유럽연합에 가입한 국가들은 경작지 주변에 많은 인구가 살고 있었으며, 농지 가격은 저렴했다. 유럽연합에 직불금 제도가 시작되면서 농지 가격과 임대료가 폭등했다.

불가리아에서는 2006년부터 2012년까지 땅값이 175퍼센트나 올랐다. 신규 회원국들의 대규모 농업경영체가 소유한 평균 토지 면적은 유럽연합 평균인 300헥타르보다 훨씬 더 넓다. 불가리아의 대규모 농업경영체의 평균 토지 면적은 671헥타르이고, 체코는 698헥타르, 슬로바키아는 무려 781헥타르에 달한다.

무엇보다 이 국가들에서 한때 영농 모델이었던 작은 농장들이 빠르게 사라지고 있다. 루마니아에서는 소농 170만 명이 1헥타르 아래 작은 농장을 운영해 왔다. 이들은 자신과 자신의 가족들이 먹을 농산물을 생산하고 그 나머지를 팔았다.

체코는 유럽연합에서 산업형 농업 체계가 굉장히 뚜렷한 국가다. 농업경영체 규모로 보면 독일은 유럽의 평균 정도다

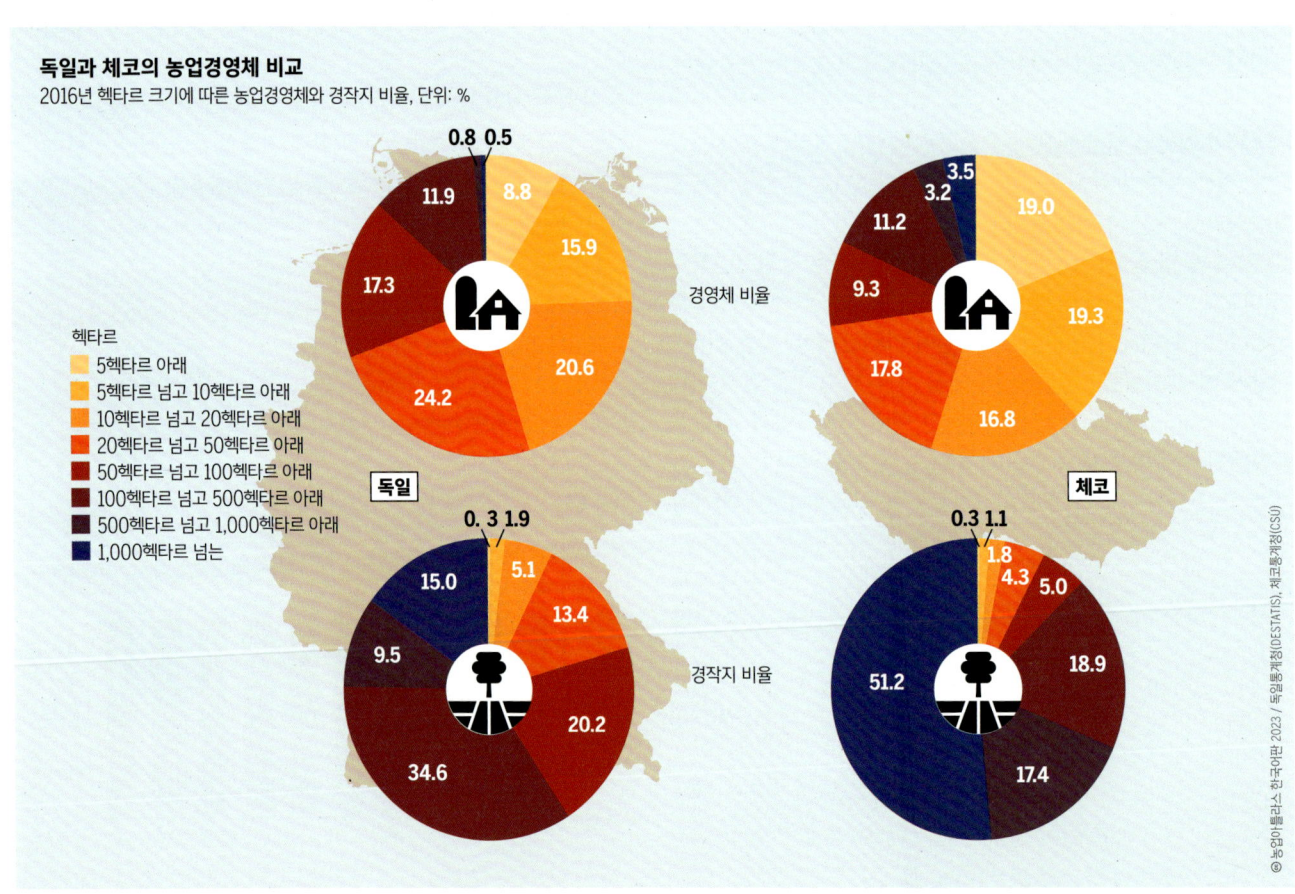

독일과 체코의 농업경영체 비교
2016년 헥타르 크기에 따른 농업경영체와 경작지 비율, 단위: %

그런데 많은 유럽연합 국가들에서 최소 1헥타르 넘는 면적을 소유한 농업경영체에만 직불금을 지급했다. 그 결과 수백만 개의 작고 유익한 농업경영체들이 '보이지 않게' 되었다. 이들은 보조금이나 다른 지원이 없다면 자신의 농장을 팔거나 포기해야만 한다. 이런 식으로 불가리아는 작은 농지에서 효과 있게 생산하던 채소와 육류 생산이 줄었고, 곡물 단일작물 재배에 자리를 내줬다.

또한 임대료도 상승했다. 이는 토지를 소유하지 않은 신규 농업인들에게 특히 문제가 된다. 많은 부동산 거래가 미심쩍거나 부패하거나 불법 상황에서 이뤄진다. 이를 통해 '토지 수탈(Land Grabbing, Landraub)'이라는 용어가 생겼다.

헝가리에서는 지난 20년 동안 외국 기업들과 투자자들이 헝가리 법을 우회해 토지 약 100만 헥타르를 인수하는 데 성공했다. 여기에는 농민과 유럽연합과 다른 국가 은행, 투자 펀드, 보험 같은 기관 투자자 들도 포함돼 있다. (토지 수탈, 토지 약탈은 '건강한 경제와 식량 공급, 모두를 위한 번영'을 명분으로 앞세운다. 농기업과 투자자들이 농지를 포함해 대규모 토지를 사들이는데, 이는 소농들이 경제 기반을 잃어버리고 종속되거나 쫓겨나는 것을 뜻한다. 유럽 절반 크기의 토지가 이미 팔렸고, 많은 농민과 토착민들은 밀려났으며, 지역을 위한 식량 생산이 아니라 세계 시장을 겨냥한 대규모 단일작물 농업, 플랜테이션으로 이어지고 있다.* 편집자 주)

신규 농민들이나 소농들은 소득이 매우 낮고, 큰 위험 부담을 안고 있기 때문에 기관 투자와 경쟁할 수 없다. 또한 다른 유럽 국가에서도 토지 가격이 상승하고 있다. 나라별로 토지 가격을 비교해 보면 이미 상상할 수 없을 만큼 높은 수준에 도달한 나라도 있다. 네덜란드에서 농지 1헥타르는 불가리아에서 10헥타르, 루마니아에서 20헥타르에 달한다.

유럽연합의 설문조사에 따르면, 대부분 시민들은 공동농업정책이 농민, 특히 소규모 농장, 중소 경영체, 가족농과 신규 농업인 생활수준을 적절하게 보장한다는 점에서 환영한다. 만약 유럽연합이 기후보호, 생물다양성 보존, 수질 정화와 같은 공공재를 보존하는 농민에게 비용을 지불하는 정책을 채택한다면, 더 많이 동의할 것이다.

이것은 대규모 농업경영체보다 소규모 농업경영체에 더 유리하다. 이러한 공공재 보존은 이미 산업화된 큰 경영체보다 작은 소농들이 더 잘 준비돼 있기 때문이다. 많은 농민은 적은 농지 공급과 높은 가격, 아울러 농업의 경제성 부족에 대해서도 다룰 것을 유럽연합에 요구하고 있다.

유럽연합은 농업 공동체에 뿌리를 둔 문화유산이 있다. 환경에 이롭고 지속가능한 농업 방식에 대한 지식이 미래 세대에게 전해지도록 해야 한다. ●

확장하고 있는 서유럽 농기업들은 자신들 국가에서 살 수 있는 토지 가격으로 다른 유럽연합 국가에서 5배에서 10배 넓은 토지를 구한다

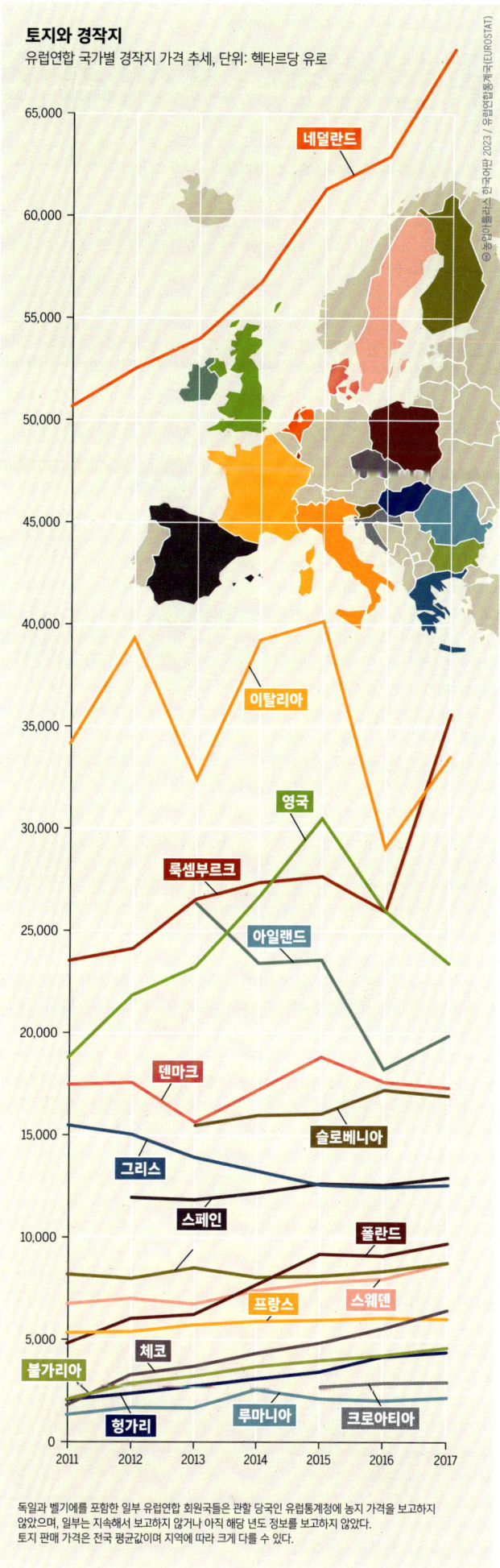

토지와 경작지
유럽연합 국가별 경작지 가격 추세, 단위: 헥타르당 유로

독일과 벨기에를 포함한 일부 유럽연합 회원국들은 관할 당국인 유럽통계청에 농지 가격을 보고하지 않았으며, 일부는 지속해서 보고하지 않거나 아직 해당 년도 정보를 보고하지 않았다.
토지 판매 가격은 전국 평균값이며 지역에 따라 크게 다를 수 있다.

유럽연합의 생물다양성

위협받는 야생과 생물다양성

규모와 생산성에 초점을 둔 집약 농업은 유럽연합 야생동식물에 가장 큰 위협이다. 환경을 해치는 경작과 축산 사육 방식은 농업정책 범위 안에서 여전히 지원받고 있다.

유럽연합의 야생동물은 심각한 압박을 받고 있다. 종의 60퍼센트와 서식지 77퍼센트가 '나쁨 상태'로 분류된다. 1980년 이래 야생 조류는 약 56퍼센트 줄었고, 1990년에 비해 초지 나비는 35퍼센트가량 줄었다. 몇몇 숫자들이 보여주는 것처럼 한때 흔했던 조류도 사라지고 있다. 유럽 멧비둘기는 멸종 위기에 처해 있다. 1980년과 2013년 사이 유럽에서 개체수가 약 77퍼센트나 감소했다.

독일은 곤충 개체수가 1990년 이래 약 75퍼센트 넘게 줄었다. 프랑스의 야생 조류 개체수는 지난 15년 동안 3분의 1로 줄었다. 서로 다른 서식지에 사는 세계 보편종(cosmopolitan species)을 보면, 도시 지역에 사는 종보다 경작지에 사는 종의 감소가 더욱 심각하다. 1982년에서 2015년 사이 중부와 동부 유럽의 야생 조류 수는 약 41퍼센트나 감소했다. 산림성 조류는 6퍼센트만 줄었다.

유럽환경청(EEA)은 생물다양성을 위협하는 가장 큰 요인은 집약 농업이라고 보고 있다. 단기간에 수확을 최대화하는 경작지는 야생동물의 먹이활동에 열악한 조건이다. 단일 경작, 자연 식생 감소, 곤충과 잡초를 죽이는 살충제나 비료는 동물의 먹이활동을 위협한다. 영국은 유기농업으로 전환한 뒤 박쥐 개체수가 빠르게 증가했다. 먹이 역할을 하는 곤충이 다시 충분해졌기 때문이다.

농지를 집약해 사용하면 야생 조류가 알을 낳고 번식할 수 있는 공간이 줄어든다. 산울타리가 제거되고, 작은 습지대가 마르고, 목초지를 농지로 갈아엎는다. 프랑스 한 지역에서는 1978년부터 2008년까지 작은느시(little bustard) 개체수가 98퍼센트나 감소했는데, 초지가 농지로 바뀐 탓이다.

집약 농업은 야생동물에 간접 영향을 미칠 뿐 아니라 습지에도 가장 큰 위협이다. 이런 농업은 지하수를 과도하게 끌어올려 사용하거나 비료와 살충제로 땅을 오염시킨다. 토양에 질소가 과도하게 쌓이면 들판의 식물 다양성이 줄어든다. 또한 물에 질소가 늘어나면 녹조가 발생하기도 한다. (녹조는 물 표면을 뒤덮어 햇빛을 차단하고 죽은 조류를 분해하느라 산소 소비량이 급격하게 늘어난다. 산소가 고갈돼 수중생물이 떼죽음을 당하거나 물이 썩어 부영양화 상태가 된다.*옮긴이 주)

유럽연합은 총예산 39퍼센트를 '지속가능한 성장, 천연자원'이란 명목으로 쓴다. 여기에는 공동농업정책(CAP), 어업과 해양 기금, '라이프(LIFE)'라는 환경기금이 포함된다. 공동농업정책은 이 예산에서 97퍼센트를 지원받고, 라이프 프로그램은 0.8퍼센트만 받고 있다. ('라이프'는 1992년 출범한 유럽연합 환경 정책 가운데 하나로, 현재 직면한 환경문제의 새로운 해법을 개발하는 환경 혁신과 자연 보전 활동을 지원하고, 환경을 다른 정책과 연결하는 역할을 한다.* 편집자 주)

유럽연합법에 따르면 유럽연합은 환경과 자연 보전을 위해 자금을 제공해야 한다. 그럼에도 현재 운용되는 예산에 생물다양성 보존을 위한 독립 자금이 포함돼 있지 않으며, 이는 다음 예산 편성 때도 계속 적용된다. 이에 정부 수반들은 나라마다 따로 재정처를 만드는 대신 환경자금을 공동농업정책에 통합하기로 했다. 하지만 이것도 생물다양성을 보존하지 못한다. 보조금이 집약 농업을 위한 비용으로 더 많이 쓰기 때문이다.

자금 대부분이 흘러가는 조치들은 특히 '나쁜' 방식이다. 유엔 생물다양성 협약(Convention on Biological Diversity, CBD)에서 사용하는 '나쁨' 개념은 보조금이 되레 환경을 오염시키는 데 사용된다는 뜻이다. 2014년에서 2020년까지 공동농업정책 기금 약 4분의 3에 해당하는 232억 유로 정도가 직불금으로 지급됐

북부 유럽과 동부 유럽의 땅벌
2050년까지 지구온난화로 인한 뒤영벌 서식지 분포 축소와 확장, 유럽지속가능발전전략(SEDG) 예측

- 변동 없음
- 서식지 분포 축소
- 서식지 분포 확장
- 서식하지 않음

1985년 공식 계산. 2016년, 2017년 영국 통계청(ONS) 추정

뒤영벌은 유럽에서 가장 중요한 꽃가루 매개체다. 기온이 높아질수록 몇 군데 서식지를 빼고는 매우 빠르게 줄어들고 있다

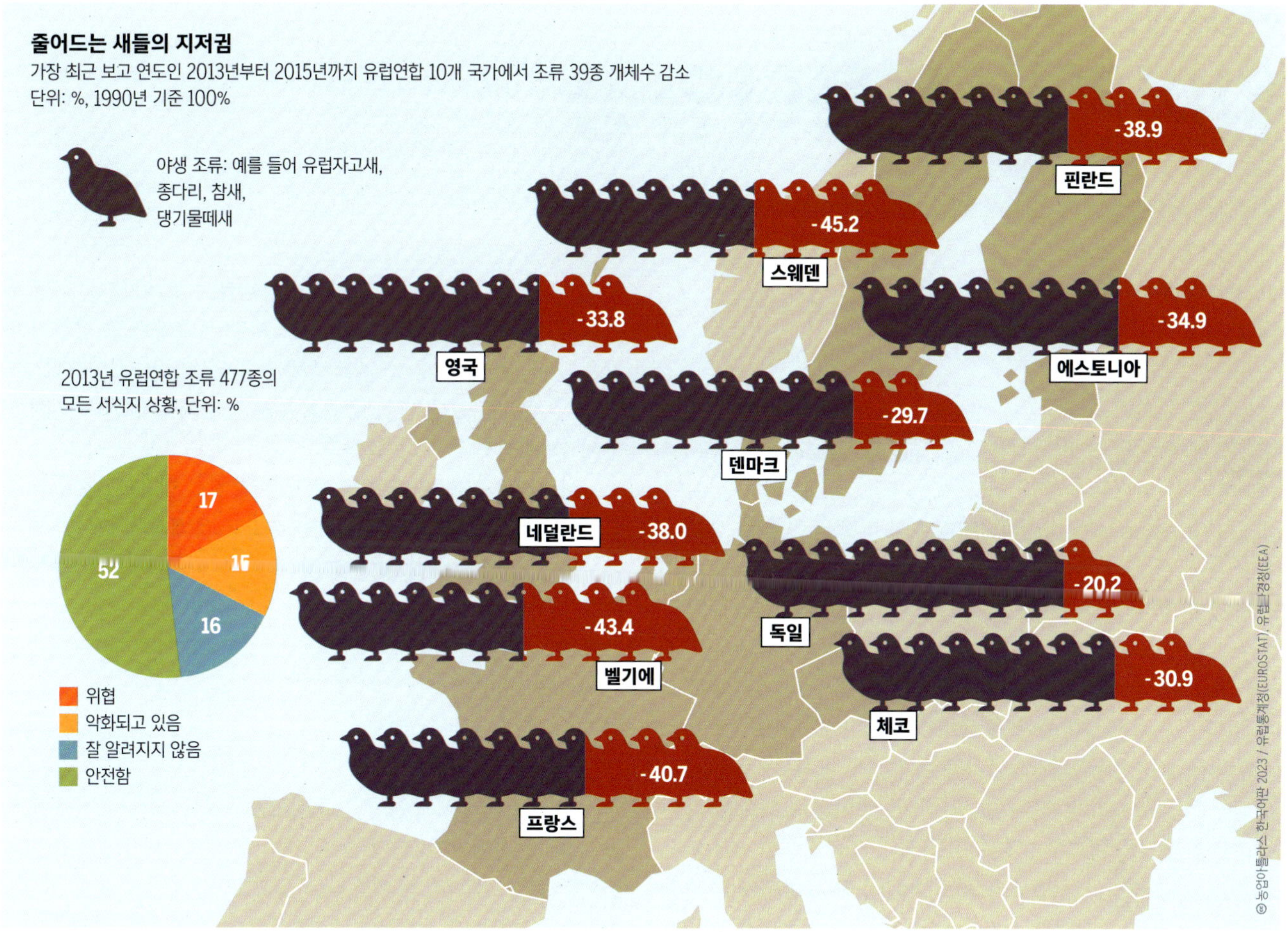

줄어드는 새들의 지저귐
가장 최근 보고 연도인 2013년부터 2015년까지 유럽연합 10개 국가에서 조류 39종 개체수 감소
단위: %, 1990년 기준 100%
야생 조류: 예를 들어 유럽자고새, 종다리, 참새, 댕기물떼새
핀란드 -38.9
스웨덴 -45.2
영국 -33.8
에스토니아 -34.9
덴마크 -29.7
네덜란드 -38.0
독일 -20.2
벨기에 -43.4
체코 -30.9
프랑스 -40.7
2013년 유럽연합 조류 477종의 모든 서식지 상황, 단위: %
17
15
16
52
위협
악화되고 있음
잘 알려지지 않음
안전함
ⓒ 농업아틀라스 한국어판 2023 / 유럽통계청(EUROSTAT), 유럽 환경청(EEA)

는데, 이 기금은 환경을 오염시키는 집약 농업을 장려하는 데 사용됐다. 이는 농지로 쓰는 토지 면적에 따라 지급됐으며, 지속가능성 기준과는 전혀 상관이 없었다.

공동농업정책 기금의 최대 15퍼센트는 생산과 연결돼 있으며, 이것은 가축 수나 생산량에 따라 지급된다. 이 기금은 무엇보다 육류 산업과 유제품 산업에 지원돼 과잉생산을 부추길 수 있다. 일회성 투자 보조금은 대부분 집약화를 촉진한다. 보조금이 더 많은 농산물을 생산하고 집약 방식 축산이 가능한 축사를 위해 농업 중장비를 구입하고, 보관, 분류, 가공 시설을 짓는데 사용된다.

물론 유럽연합 환경 프로그램이 생물다양성을 보존하는 농장을 위해 지원되는 사례도 있다. 하지만 이러한 지원은 너무나 적고, 반대로 굉장히 많은 '나쁜' 보조금 탓에 그 효과가 떨어진다. 또는 요구하는 바가 적거나 터무니없이 복잡한 지원 프로그램 때문에 경쟁이 생기기도 한다.

키프로스는 제초제 사용이 허용된 바나나 플랜테이션 농장에 헥타르마다 800유로를 지급하는 아주 관대한 프로그램을 운영한다. 이런 방식이 최선은 아니더라도 더 이상의 개발 계획을 막아 야생동물 서식지 보존에 좋을 수 있다는 판단 때문이다.

달리 생각해보는 것은 늘 필요하다. 생물다양성 손실을 막고 되돌리려면 농업 분야에 생물다양성 보존을 위한 적절한 지원을 해야 한다. 또한 집약 방식 농업을 줄이는 쪽으로 전환하는 규칙과 보상이 반드시 필요하다. ●

조류는 개체수 파악이 쉽기 때문에 가장 잘 알려진 생물지표종이다. 집약 농업이 들어선 곳에서는 조류 개체수가 줄어든다

농가들이 유럽연합에 등록한 '생태집중 관리구역'은 생물종다양성에 크게 기여하지 못했다

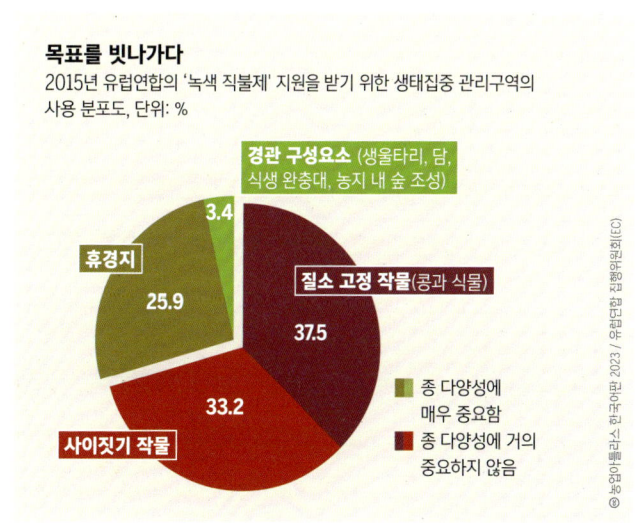

목표를 빗나가다
2015년 유럽연합의 '녹색 직불제' 지원을 받기 위한 생태집중 관리구역의 사용 분포도, 단위: %
경관 구성요소 (생울타리, 담, 식생 완충대, 농지 내 숲 조성)
3.4
휴경지
25.9
질소 고정 작물(콩과 식물)
37.5
사이짓기 작물
33.2
종 다양성에 매우 중요함
종 다양성에 거의 중요하지 않음
ⓒ 농업아틀라스 한국어판 2023 / 유럽연합 집행위원회(EC)

독일의 생물다양성
잃어가는 생물다양성

일부 노력이 있었지만 독일의 생물종 보전은 하향세가 계속됐다. 농업 경관은 점점 더 획일화되고 있다. 이런 흐름을 되돌려 대안을 마련하는 통찰력과 자금, 보다 정교한 프로그램이 부족하다.

독일의 많은 야생 동식물종이 점점 줄어들고 있다. 1990년까지는 경우에 따라 사냥이 허가될 정도로 많았던 유럽햄스터(Cricetus cricetus, 비단털쥐과에 속하는 설치류, 유라시아 토착종. 농작물 유해동물로 취급하거나 털을 얻기 위해 덫으로 잡았다. 단일작물 재배지 확대와 공업화, 지구 온난화, 빛공해 같은 원인으로 개체수가 급격하게 줄었다. 관심대상종에서 최근 멸종위기종으로 재분류 됐다.*편집자 주)는 현재 멸종 위기에 처해 있다. 이와 비슷하게 댕기물떼새(Vanellus vanellus, 국제자연보호연맹 적색목록 준위협종, 유라시아 북부에서 번식, 겨울에는 유럽 남부와 북아프리카 서부, 인도, 한국으로 이동해 겨울을 나는 나그네새. 습지와 연결된 농경지나 강 하구에서 먹이활동과 번식을 한다.*편집자 주)는 1990년부터 2013년 사이 80퍼센트가 사라졌다. 중요한 꽃가루 매개체 가운데 하나인 야생벌 41퍼센트는 생존 위협을 받고 있다.

1980년부터 농업에 이용되는 초지, 방목장 그리고 경작지에 서식하는 조류는 절반 가깝게 줄었다. 초지의 새는 심지어 일곱 종 가운데 다섯 종이 줄었다. 또한 곡식과 채소 같은 작물 경작지 사이 서식하는 야생 약초종도 3분의 1 넘게 위험한 상황이다. 이러한 예들은 대개 조용하고 눈에 띄지 않게 사라지는 많은 종을 대표한다.

생물다양성 감소는 지난 수세기 동안 급격하게 변화한 농업방식의 결과다. 수레국화나 제비고깔, 평야와 산지에 풍부한 여러 종들은 초지처럼 풀이 자라는 곳에서만 정착할 수 있고, 정착한 곳이 곧 서식지가 된다. 하지만 생물다양성은 농업의 발전 속도를 따라가지 못했다.

계속되는 기계화, 살충제와 화학비료 사용 때문에 농업 경관이 점점 더 획일화되고 있다. 세계 시장 개발과 농업 생산성 향상을 일방적이고 융통성 없이 지향해온 유럽연합 공동농업정책도 공동 책임이 있다. 많은 동식물종은 경관의 다양한 구조에 의존해 살아간다. 하지만 이러한 다양성이 빠른 속도로 사라졌다.

어디서나 생산이 가능한 옥수수, 유채와 밀 같은 작물은 잇달아 같은 종을 심고, 많은 화학비료와 살충제를 투입하기 때문에 생물다양성에 나쁜 영향을 미친다. 이런 식으로 경쟁력 강한 종을 선호하고 약한 종은 밀려나게 된다. 동물이든 식물이든 모든 종은 성장하고 번식하기 위해 서식지에 특별한 조건이 필요하다. 하지만 생물다양성에서 중요한 이른바 '자연 가치가 높은 농경지'는 2009년부터 2015년 사이, 단 6년 만에 13퍼센트에 달하는 면적이 사라졌다.

2005년부터 유럽연합 공동농업정책이 초지를 보전하기 위한 조치를 취했지만, 특히 오랜 기간 자리 잡아 다양하고 많은 꽃이 피는 초지 면적은 계속 줄어들고 있다. 독일의 초지 비오톱(Biotope, 자연 생태계와 같은 의미로도 쓰이지만, 야생동식물이 서로 영향을 주고받으며 생물군을 이뤄 살아가는 서식 공간. 숲, 습지와 하천을 포함해 안정된 야생 서식지.*편집자 주) 5분의 4가 위험에 처해 있다. 그 가운데 31퍼센트는 완전한 멸종 위험에 처했다.

20세기부터 유럽연합 공동농업정책은 농업 생산뿐만 아니

꿀벌 개체수가 줄어들면 다양한 작물에 어느 정도 피해를 입히는지 정확하게 예측해야 한다

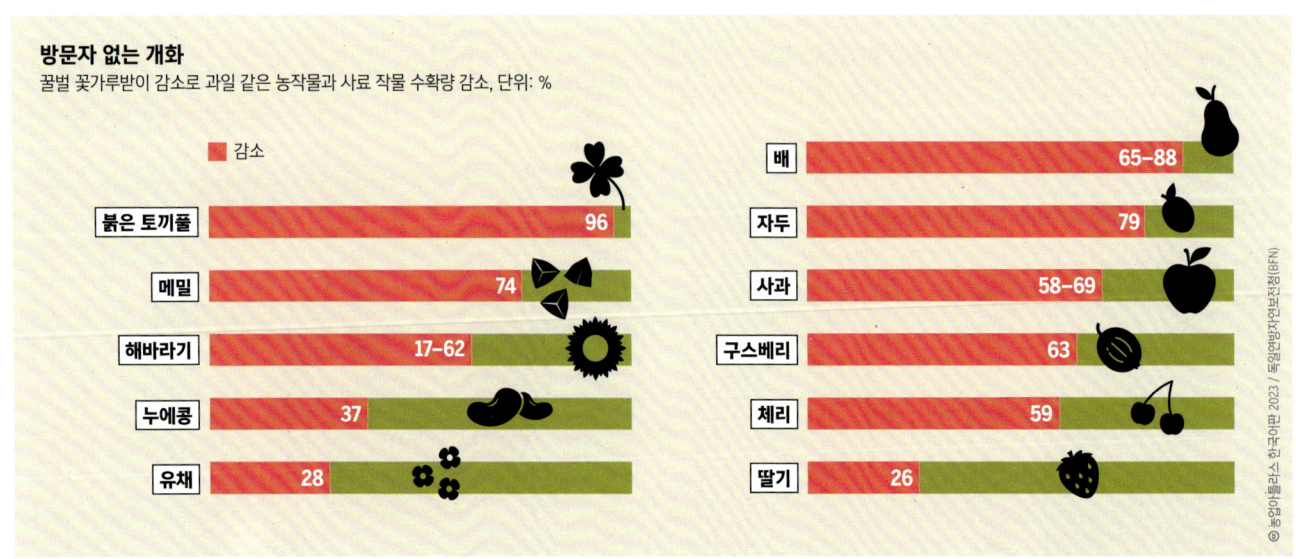

방문자 없는 개화
꿀벌 꽃가루받이 감소로 과일 같은 농작물과 사료 작물 수확량 감소, 단위: %

■ 감소

붉은 토끼풀	96
메밀	74
해바라기	17–62
누에콩	37
유채	28
배	65–88
자두	79
사과	58–69
구스베리	63
체리	59
딸기	26

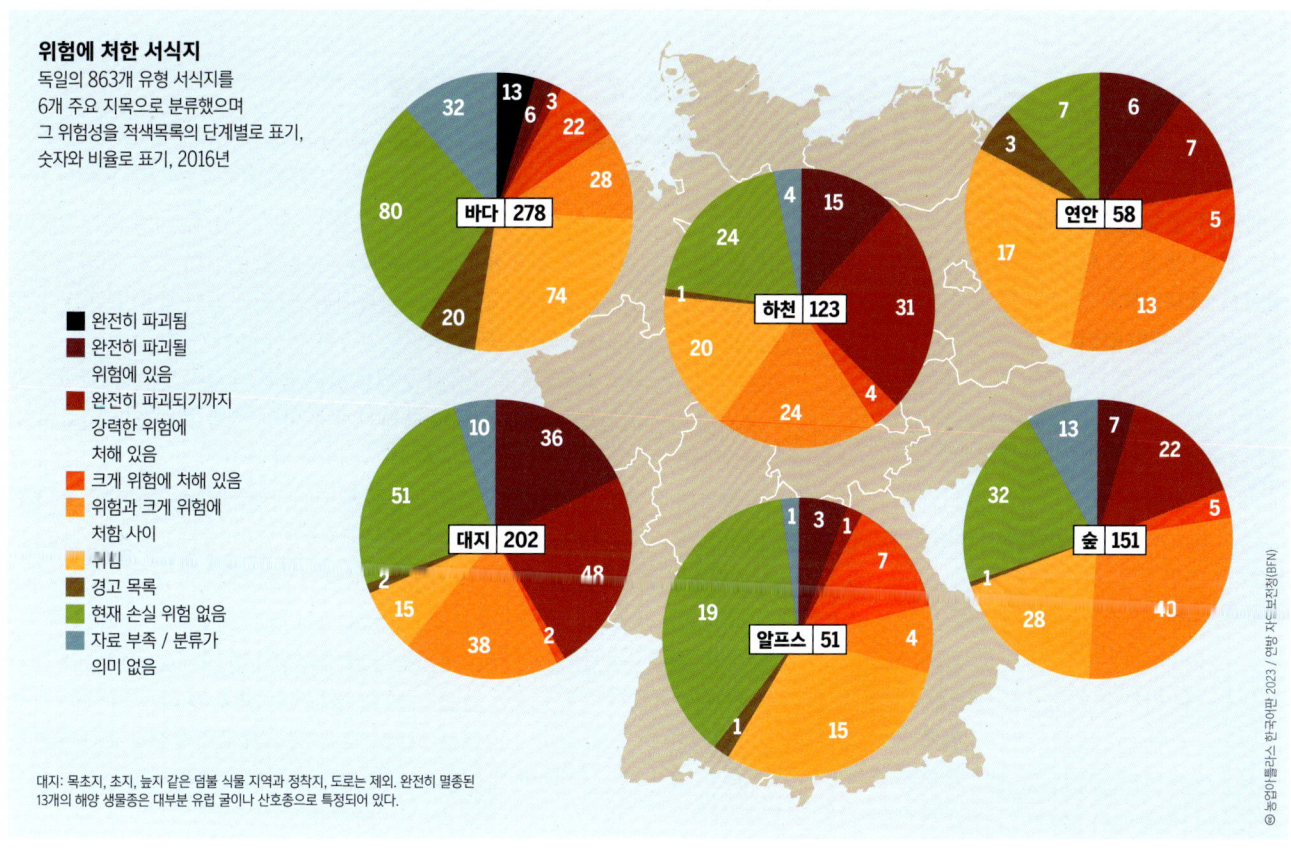

위험에 처한 서식지
독일의 863개 유형 서식지를 6개 주요 지목으로 분류했으며 그 위험성을 적색목록의 단계별로 표기, 숫자와 비율로 표기, 2016년

- 완전히 파괴됨
- 완전히 파괴될 위험에 있음
- 완전히 파괴되기까지 강력한 위험에 처해 있음
- 크게 위험에 처해 있음
- 위험과 크게 위험에 처함 사이
- 위험
- 경고 목록
- 현재 손실 위험 없음
- 자료 부족 / 분류가 의미 없음

대지: 목초지, 초지, 늪지 같은 덤불 식물 지역과 정착지, 도로는 제외. 완전히 멸종된 13개의 해양 생물종은 대부분 유럽 굴이나 산호종으로 특정되어 있다.

라 자연보전과 환경보호의 목표를 수립하기 위해 노력해 왔다. 다양한 개혁 가운데 하나로 유럽연합의 농업 보조금을 인간과 동식물의 건강과 같은 환경보호와 동물보호 혜택과 연계시키는 '교차의무준수(Cross-Compliance Regulation)'를 도입했다. 이는 녹색 직불금으로 이어졌다. 녹색 직불금은 기후와 환경보호를 촉진하는 농지 관리 방법을 지원한다. 하지만 지금까지 모든 조치는 농업 환경의 생물다양성을 보장하거나 다양성을 확대하는 데 충분하지 않았다.

유럽연합의 농업 환경에서 생물다양성을 촉진하는 데 현재 가장 중요한 도구는 유럽농업개발기금(EAFRD)이다. 이 기금으로 독일은 해마다 약 3억 2,400만 유로를 생물다양성 지원에 쓰고 있으며, 이는 유럽농업기금 예산의 약 13퍼센트다. 하지만 독일은 이른바 '나투라 2000 가이드라인(Natura-2000-Richtlinen)'을 실행하기 위해 연간 14억 유로를 필요로 한다. 이 예산으로 유럽연합은 유럽연합 전체에 걸쳐 자연보호지역 네트워크를 구축하고자 한다. 자연보호지역은 야생 동식물종을 보호하고 그들의 서식지로 보존돼야 한다. 독일은 토지의 15퍼센트 넘는 지역이 이 자연보호지역에 속한다.

생물다양성을 위한 많은 조치가 보다 더 정교하고 더 잘 시행되면 효과는 키질 수 있다. 지금까지는 농업 경영에 대한 재정 보상이 부족했다. 농업경영은 게다가 높은 행정 비용을 필요로 하고

대지의 생물종 대부분이 완전한 멸종 위기에 있다. 주요 원인은 집약 농업이다

많은 규제들은 지나치다. 독일 정부는 유럽연합 농업정책이 보다 자연스럽고 환경 친화 농업을 촉진할 수 있도록 도울 수 있다. 생물다양성의 광범위한 개선에도 기여할 수 있다. 하지만 공동농업정책 개혁과 변화를 위해 노력해야만 가능한 일이다. ●

농지의 질에 대한 분석
독일의 생물다양성 지수, 전체와 하위 지표, 2030년 기준 100

- 총 지수 (해안/바다, 호수/하천, 숲, 농경지, 정착지)
- 하위 지수 농지

알프스의 하위 지수 제외. 1970년과 1975년 수치가 재구성됐다. 2030년 다양한 유형의 지대에서 야생식물과 동물에 대한 희망 기준 상태가 비교 척도다. 희망 기준은 1970년대 생물다양성을 염두에 두고 설정했다.

농경지의 생물다양성 개선은 유럽연합의 환경친화 농업정책에서 가장 중요하면서도 가장 어려운 과제다

살충제
농약을 줄이는 새로운 방법

유럽연합 공동농업정책(CAP)은 농업 부문에서 살충제 사용을 크게 줄일 수 있는 방법이 부족하고 예외도 너무 많다. 유럽연합에서 농약 판매량은 몇 년 동안 일정하다.

유럽연합의 농업은 해마다 많은 양의 농약을 사용하고 있으나 정확한 양을 파악하기 위한 자료를 수집하지 않았다. 2015년 기준으로 농약 약 39만 1,000톤 정도를 사용했다고 알려졌다. 하지만 이 수치에는 비축한 곡물 재고를 보호하는데 사용하는 이산화탄소도 포함돼 있다. 농업 분야 말고도 예를 들면, 임업 분야에서 판매한 농약도 포함돼 있다.

살균제, 이른바 곰팡이를 없애는 식물 보호제 판매량이 가장 많고, 그 뒤로는 많은 이들이 '잡초'라고 부르는 풀을 제거하는 제초제가 많다. 유럽연합 회원국 판매량 가운데 80퍼센트 넘게 이 두 화학물질이 차지한다. 살충제는 다양한 성장 과정에 있는 생물을 죽인다.

유럽연합 회원국은 지난 15년 동안 살충제 판매량이 일정했다. 폴란드가 가장 많이 판매되는 나라며, 가장 적은 나라는 덴마크다. 폴란드는 유럽연합에 가입한 뒤 살충제 판매량이 세 배나 늘었다. 덴마크는 농약세가 조정된 뒤 2013년부터 2015년까지 판매량이 절반으로 떨어졌다.

하지만 판매량만으로 평가하기에는 한계가 있다. 지난 수십 년 동안 영국에서도 살충제 소비는 거의 50퍼센트 줄었다. 하지만 같은 농지를 놓고 보면, 살충제로 처리된 면적은 두 배로 넓어졌으며, 2007년부터는 독성이 매우 강한 살충제 사용이 늘었다.

현장 적용을 마친 제초제가 등장한 뒤로 거의 모든 일반 경작지에서 1년에 한 번 넘게 제초제를 사용한다. 살균제는 과일나무와 관상용 식물에 가장 빈번하게 살포한다. 한 지역에만 한 해 30회 넘게 살포할 수 있다.

살충제를 집약해서 사용하는 것은 다양한 영향을 끼치며 대체로 높은 비용부담이 뒤따른다. 식품에 남아 있는 잔류농약을 조사해야 하며, 지하수를 마실 수 있도록 정화해야만 한다. 살충제 농도가 높은 물에서는 민감한 생물종이 사라진다.

세계에서 사용되는 제초제는 점점 더 '잡초'라고 뭉뚱그린 다양한 야생 식물종을 사라지게 하며 곤충과 새의 서식지와 먹이 자원을 파괴한다. 유해한 동식물부터 유용한 동식물까지 생물학적 조절 작용이 위험에 놓이게 된다. 유럽연합은 3개 살충제(네오니코티노이드 계통인 클로티아니딘, 이미다클로프리드, 티아클로프리드 *편집자 주) 사용을 강력하게 제한했다. 특히 벌에게 해롭고 곤충 군집이 붕괴된 원인으로 지목받고 있다.

또한 살충제 사용은 농업에서 생태적 피해를 가져온다. 넓은 지역에서 주로 단일 작물을 재배하기 때문에 더는 다양한 작물을 윤작하지 않는다. 따라서 2015년부터 유럽연합은 10헥타르 넘는 경작지에서는 최소 두 가지 넘는 작물, 30헥타르 넘으면 최소 세 가지 넘는 작물을 재배해야 한다고 못박았다.

독일 환경청은 이 규정이 별로 효과가 없는 것으로 판단했다. 왜냐하면 유럽연합이 생산자의 경작지 가운데 75퍼센트는 이 규정을 따르지 않아도 된다는 빈틈을 제공했기 때문이다. 그곳에서는 단일 경작이 허용되고 있다. 이 비율은 50퍼센트로 줄이는 것이 바람직하다.

현재 공동농업정책에서는 어떠한 조치나 프로그램도 살충제 사용을 크게 줄이지 못하고 있다. 다만 15헥타르 넘는 경작지를 가진 생산자는 2015년부터 농지 5퍼센트에 해당하는 면적을

빠르게 자라는 인간의 머리카락은 종종 화학물질 검출을 측정하는 데 쓰인다. 검출의 높은 적중률은 농약이 어디에든 존재한다는 것을 보여준다

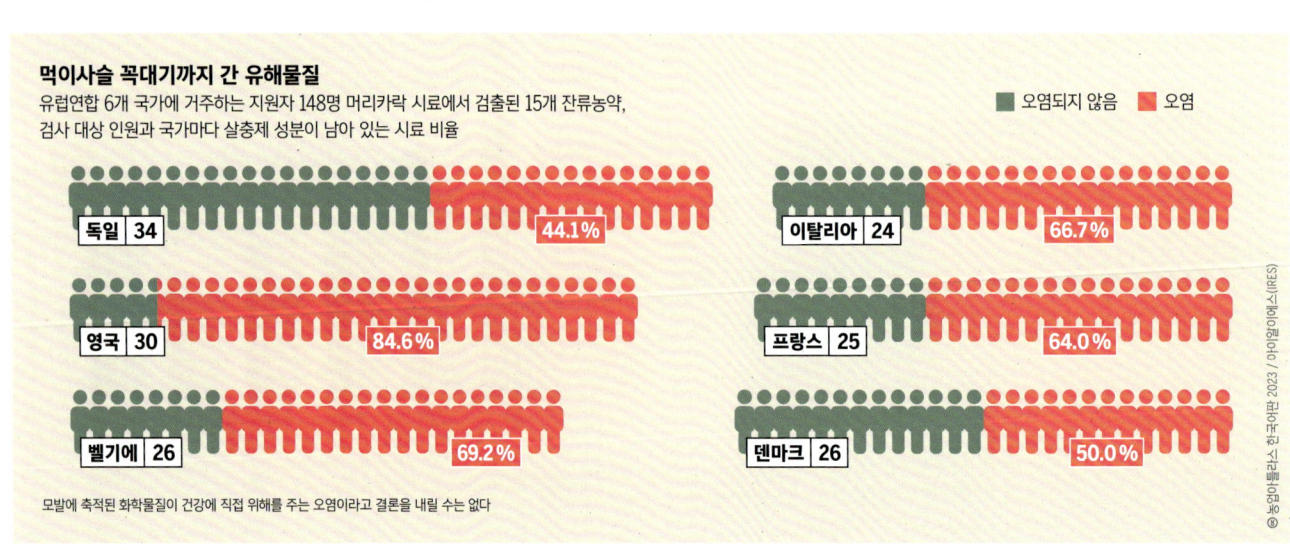

먹이사슬 꼭대기까지 간 유해물질
유럽연합 6개 국가에 거주하는 지원자 148명 머리카락 시료에서 검출된 15개 잔류농약, 검사 대상 인원과 국가마다 살충제 성분이 남아 있는 시료 비율

■ 오염되지 않음　■ 오염

독일 34 — 44.1%
영국 30 — 84.6%
벨기에 26 — 69.2%
이탈리아 24 — 66.7%
프랑스 25 — 64.0%
덴마크 26 — 50.0%

모발에 축적된 화학물질이 건강에 직접 위해를 주는 오염이라고 결론을 내릴 수는 없다

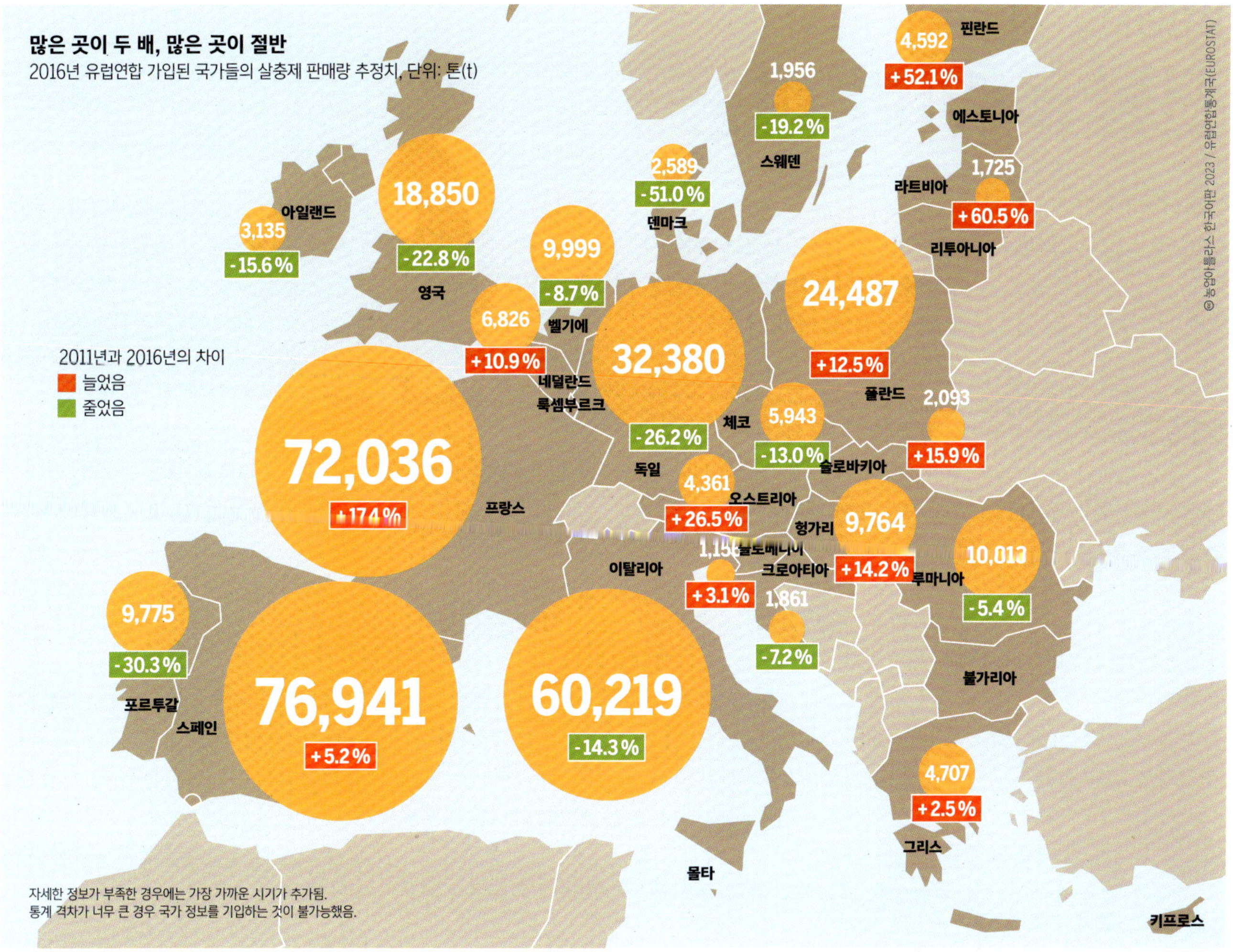
많은 곳이 두 배, 많은 곳이 절반
2016년 유럽연합 가입된 국가들의 살충제 판매량 추정치, 단위: 톤(t)
2011년과 2016년의 차이
늘었음
줄었음
핀란드
4,592
+52.1%
1,956
-19.2%
스웨덴
에스토니아
1,725
+60.5%
라트비아
리투아니아
2,589
-51.0%
덴마크
아일랜드
3,135
-15.6%
18,850
-22.8%
영국
9,999
-8.7%
6,826
+10.9%
벨기에
네덜란드
룩셈부르크
32,380
-26.2%
독일
24,487
+12.5%
폴란드
2,093
+15.9%
체코
5,943
-13.0%
슬로바키아
4,361
+26.5%
오스트리아
헝가리
9,764
+14.2%
크로아티아
루마니아
10,013
-5.4%
72,036
+17.4%
프랑스
이탈리아
+3.1%
1,861
-7.2%
9,775
-30.3%
포르투갈
스페인
76,941
+5.2%
60,219
-14.3%
불가리아
4,707
+2.5%
그리스
몰타
키프로스
자세한 정보가 부족한 경우에는 가장 가까운 시기가 추가됨.
통계 격차가 너무 큰 경우 국가 정보를 기입하는 것이 불가능했음.
© 농업아틀라스 한국어판 2023 / 유럽연합통계국(EUROSTAT)

농업 비중이 큰 국가는 살충제 판매량도 높다. 대부분은 곰팡이와 잡초를 없애는 농약과 제초제다

'생태우선지역(Ecological Priority Areas)'으로 관리해야 한다. 대부분은 질소고정 식물 또는 농작물 재배와 휴경지 면적을 보고하고 있다. 환경보호를 위해 어렵게 이뤄낸 성공은 2018년 1월부터 '생태우선지역'에서 살충제 사용을 금지한 것이다.

살충제 사용은 농업경영체가 재배 체계를 개편할 때에만 줄어들 것이다. 따라서 유럽연합 농업정책은 그들의 지원이 강력한 조치, 농업경영체가 살충제를 완전히 또는 부분으로 포기하는 조치로 이어질 때 더욱 성공할 수 있을 것이다. 하지만 의미 있는 보상책을 개발하려면 먼저 명확한 목표를 설정해야 한다. 가령 물에 스며들어 잔류하는 제초제가 없도록 옥수수 재배 과정을 면밀히 조사관찰 해야 한다. 생물학적 작물 보호를 위해 화학물질 대신 익충 사용을 강화해야 한다.

이를 촉진하는 보상 조건 가운데 하나는 우선 일정한 크기 넘는 단일 경작지에서 살충제와 화학비료를 사용하지 않고, 약 50미터마다 5미터 폭으로 일정한 넓이의 이랑을 만드는 것이다. 넓은 경작지에서 생물다양성을 '복원'하기 위해 살충제 없는 곡물 재배가 반드시 이뤄져야 한다. 설령 50퍼센트만 적용하더라도 하나의 진전을 이룬 것이다.

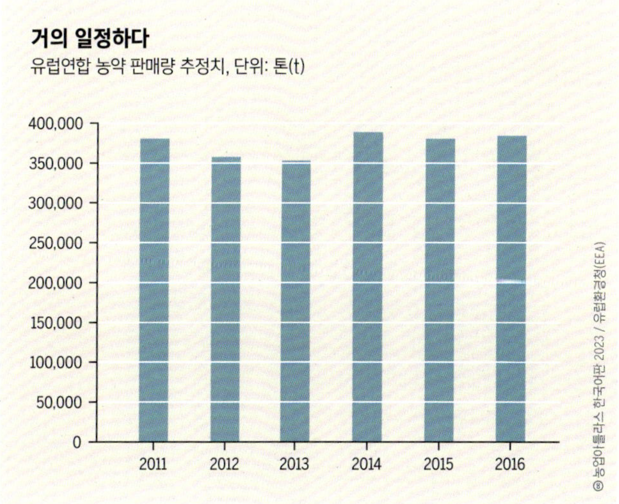
거의 일정하다
유럽연합 농약 판매량 추정치, 단위: 톤(t)
400,000
350,000
300,000
250,000
200,000
150,000
100,000
50,000
0
2011
2012
2013
2014
2015
2016
© 농업아틀라스 한국어판 2023 / 유럽환경청(EEA)

기후 때문에 살충제 수요의 단기 변동이 일어난다. 하지만 농업에서 단일 작물 재배는 지속해서 문제가 된다

유럽연합의 가축 사육
전환을 위한 비용

유럽연합은 해마다 토지 보조금으로 많은 돈을 지출한다. 이미 적지 않은 금액을 들이고 있지만, 반드시 실현해야 하는 축산 전환비용은 부족하다. 이를 위한 지원금 조달은 면적에 따라 지원하는 토지 보조금을 줄여야 가능하다.

가축 사육은 유럽 농업의 부가가치 가운데 약 40퍼센트를 차지한다. 이 비율은 루마니아 21퍼센트에서 아일랜드 75퍼센트까지 회원국마다 크게 다르다. 또한 단위 면적당 가축 수와 관련된 문제도 마찬가지다.

네덜란드, 독일 북서부, 프랑스 그리고 이탈리아 북부 지역은 집약 사육을 한다. 이 사육 방식은 환경 문제 말고도 동물복지에 매우 큰 결함이 있다. 이에 대해 지금까지 유럽연합은 아직 체계 있게 파악하지 않고 있다. 하지만 개별 연구들에 따르면 돼지는 종종 관절 문제로 고통받고, 소는 절뚝거리며, 닭 발바닥은 변형된 것으로 나타났다.

조사에 따르면 유럽연합 시민 82퍼센트가 가축 사육에서 동물복지를 위해 더 많은 조치를 취해야 한다는 의견을 가지고 있다. 이런 입장은 룩셈부르크 58퍼센트, 포르투갈 94퍼센트까지 유럽연합 전체에 걸쳐 폭넓게 형성돼 있다.

독일연방 식품농업부(BMEL)에 배정된 농업정책 자문위원회가 독일에서 필요한 비용을 추정했다. 독일의 동물복지가 눈에 띄게 나아지게 하려면 한 해 30~50억 유로의 예산이 필요하며, 이는 현재 생산 비용의 약 13~23퍼센트를 차지한다.

하지만 유럽연합이나 회원국 정부는 지금까지 동물복지 가축 사육을 위한 정치, 경제 전략을 제시하지 않았다. 지역별 차이가 크기 때문에 국가 차원의 단계와 계획이 필요하다. 이를 위해 유럽연합 공동농업정책(CAP)이 적절한 기준을 제시해야 한다.

하지만 공동농업정책은 고정 직불금을 주로 토지에 초점을 맞추고 있다. 농업 성과에는 거의 주목하지 않고 있다. 공동농업정책의 두 번째 기둥으로 특히 동물복지를 위해 지원금을 한 해 지급할 수 있을 것이다. 이 지원금으로 더 많은 초지를 유지하고, 동물을 위해 더 넓은 공간을 마련하고, 동물복지형 놀이기구를 제공하는 방법을 생각해 볼 수 있다. 하지만 이러한 대안은 거의 실행하지 않았다.

유럽연합은 2014년부터 2020년까지 농업정책 두 번째 기둥 예산에서 약 1.5퍼센트만 동물복지에 사용했다. 독일에서도 그 비율이 2퍼센트 아래다. 동물복지에 유럽연합은 해마다 약 2억 500만 유로를 지불하고, 독일은 약 3,500만 유로를 지출한다. 이와 비교해 농업정책의 첫 번째 기둥인 유럽연합 토지 보조금은 약 400억 유로이며 독일은 50억 유로에 이른다.

육류 생산량이 많은 유럽연합 국가에서도 국민 대다수가 동물복지를 지켜야 한다고 요구한다

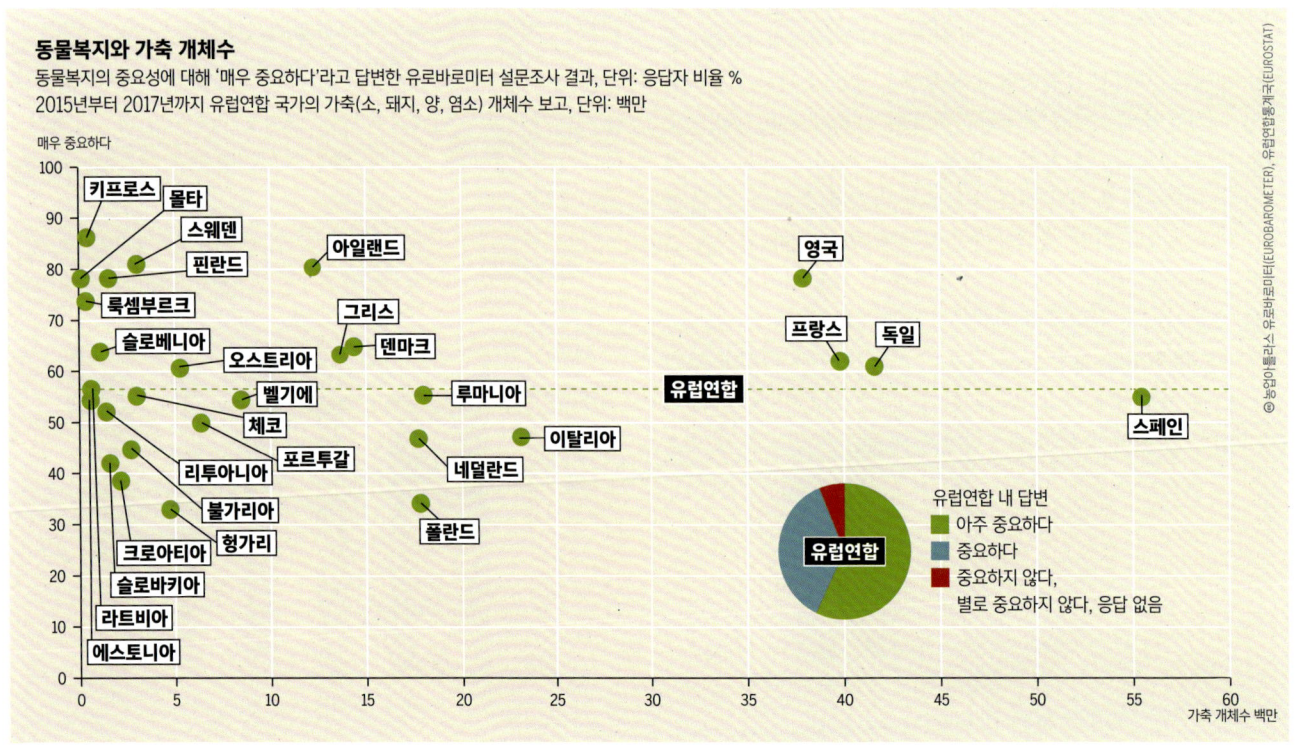

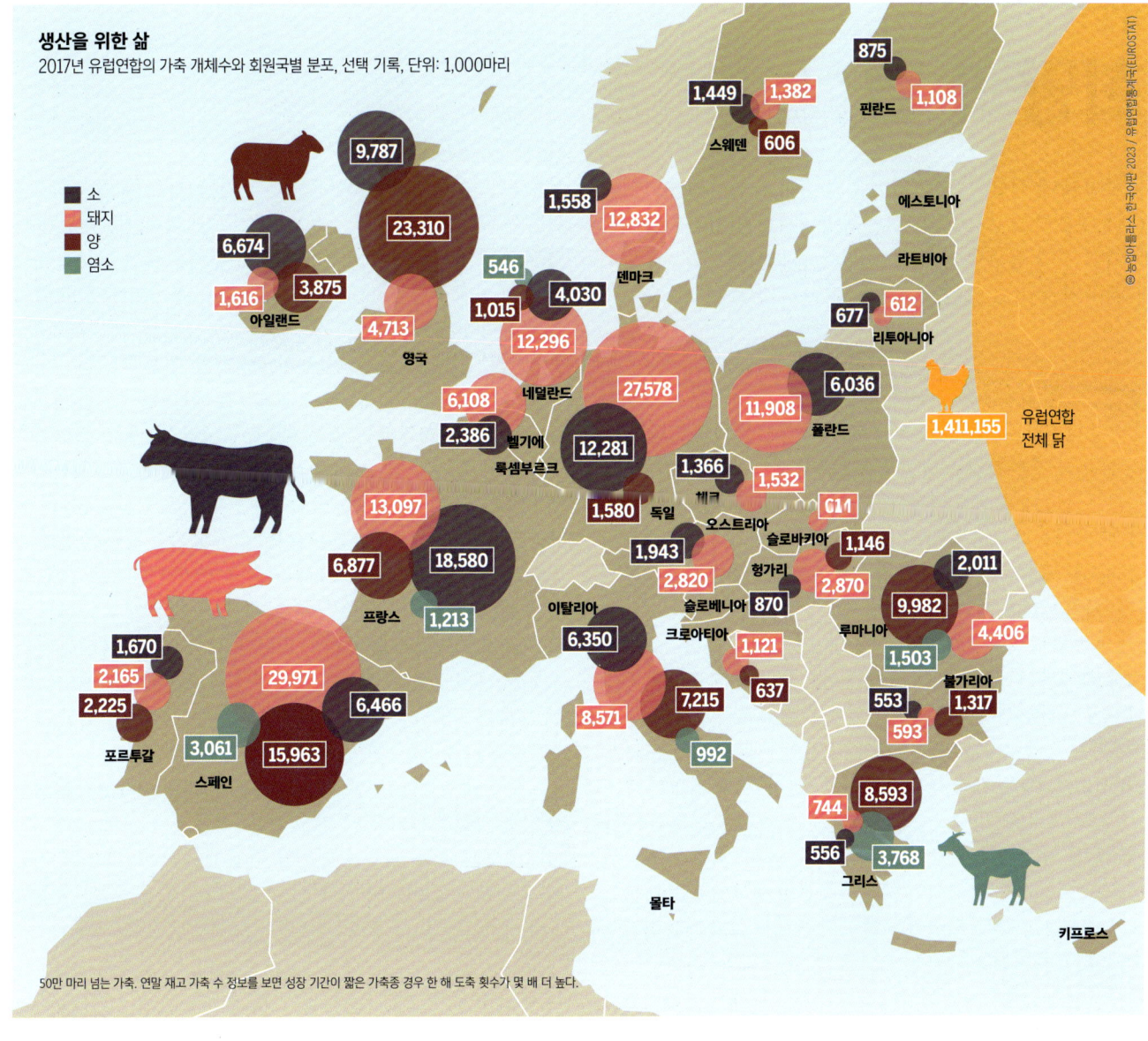

생산을 위한 삶
2017년 유럽연합의 가축 개체수와 회원국별 분포, 선택 기록, 단위: 1,000마리

50만 마리 넘는 가축. 연말 재고 가축 수 정보를 보면 성장 기간이 짧은 가축종 경우 한 해 도축 횟수가 몇 배 더 높다.

유럽연합에서 수십억 마리에 이르는 가축 사육이 크게 개선되면 생산 가격이 10퍼센트에서 15퍼센트로 증가한다

이 비교에서 알 수 있듯, 농업 예산이 농업의 환경 성과와 새로운 도전 영역에 얼마나 적게 책정돼 있는지 보여준다. 특히 가축 사육은 큰 도전에 직면해 있다. 지하수와 지표수 수질보호, 기후보호, 생물다양성 보전, 동물복지 분야의 요구 사항이 증가하고 있다.

이러한 요구는 추가 부과금과 감독, 이른바 법으로만 실현될 수는 없다. 이는 생산비를 크게 증가시키며, 국제 경쟁으로 인해 원산지 국가에서 엄격한 요구 사항이 없는 저렴한 상품의 수입이 더 늘어날 것이기 때문이다.

따라서 환경과 동물보호라는 목표를 놓칠 위험이 있다. 반면 공동농업정책 예산은 농장이 축산 환경의 개선 요구를 충족시킬 때 발생하는 비용 일부를 채우는 데 사용될 수 있다.

불행히도 2020년 뒤 공동농업정책에 대한 유럽연합 집행위원회의 개혁안에는 몇가지 진전된 논의가 반영됐으나 토지 보조금에 대한 근본 전환을 담지는 못했다. 하지만 제안된 직불제가 유지된다고 해도, 동물을 위한 몇 가지 실제 적용 가능한 조치를 할 수 있다.

첫째, 보상금에 더 많은 자금을 지원하려면 유럽연합의 기본 지원 기준인 기본소득 지원에 대해 최대 비율을 정해야 한다. 둘째, '기후와 환경 규정'은 유럽연합 지급금에서 최소한 지분을 인정받아야 하며, 동물복지가 반드시 포함돼야 한다. 셋째, 직불금 일부를 생산과 연계할 수 있는 가능성은 동물복지에 도움이 되는 목초지를 유지하는것 같은 공익성과에 달려 있다.

그리고 무엇보다 농업 예산이 삭감될 경우, 현재 위원회가 제안한 방식인 두 번째 기둥 영역 가운데 위원회 프로그램 분야가 아니라 토지 직불금이 삭감돼야 한다. (2023년부터 2027끼지 실행할 유럽 공동농업정책 개편안은 농업의 사회, 환경, 경제적 지속가능성에 초점을 두고 있다. 예산 25퍼센트를 유기농업에, 35퍼센트를 기후, 생물다양성, 환경, 동물복지에 할당했다. 청년 농부를 위한 창업 지원에 3퍼센트를, 중소농장 소득 보전에 10퍼센트를 재분배하기로 했다.* 편집자 주)

독일의 가축 사육
희망과 현실

농장동물에 적합한 사육 방식은 농업과 농업정책에 대한 대중의 요구사항이 됐다. 독일에서도 마찬가지다. 하지만 연방 정부와 주 정부는 이를 충분하게 실현하지 못하고 있다.

독일은 유럽에서 우유와 돼지고기를 가장 많이 생산하는 나라다. 가축 사육은 수출 확대와 경쟁을 목표로 한다. 이는 점점 더 많은 독일 농민들이 동물복지에 반하는 조건에서 생산하는 경우에만 세계 시장의 가격 경쟁을 견딜 수 있음을 뜻한다. 흔히 자리와 여유 공간이 없어 동물들은 거의 움직이지 못하고 새끼도 돌볼 수 없다. 돼지 꼬리를 자르거나 칠면조 부리를 자르는 사육 방식도 널리 퍼져 있다.

하지만 소비자의 요구는 몇 년 동안 높아졌다. 소비자들은 구매할 때 가축의 적절한 사육에 대해 점점 더 많이 질문하고, 환경과 기후보호를 생각하며 윤리 측면에 대해 토론한다. 소비자 90퍼센트는 동물복지를 위해 식품에 더 많이 돈을 쓸 수 있다고 답했다. 39퍼센트는 가축 사육에 대한 높은 기준을 농업의 가장 중요한 목표로 보고 있다.

독일 연방 정부는 연정 협약에 따라 동물보호에서 '최상위'를 목표로 설정했다. 하지만 미흡한 수준의 동물보호법, 너무 드물게 시행하는 감독, 사소한 처벌로 이 목표는 실현 가능성 없는 선언에 그칠 수 있다.

그리고 동물복지를 위한 유럽연합 기금에 대한 의문도 있다. 유럽연합 공동농업정책(CAP)에는 축사를 지을 때 동물복지를 위한 프로그램을 지원하는 두 번째 기둥에 적용되는 제도가 있다. 하지만 농업 경영에 직불금을 지불해 기존 축산 방식을 지원하는 첫 번째 기둥과 비교하면 예산이 많이 부족한데다, 더 줄어들 전망이다.

게다가 독일은 유럽연합에서 직불금을 생산에 연결하지 않는 유일한 국가다. 하지만 가축 개체수가 최소 20마리 넘는 조건에서 보조금을 지원하는 '방목 가축 프리미엄(Weidetierprämie)'을 활용할 수 있을 것이다. (2021년 독일 연방 하원은 공동농업정책 이행을 위한 법률과 2022년 전환 연도를 위한 직불금 이행법 개정안을 통과시켰다. 핵심 내용은 첫 번째 기둥에서 두 번째 기둥으로 점차 이동, 환경 계획에 직불금 25퍼센트 지출, 젊은 농민에 대한 지원 확대, 2023년부터 양, 염소, 젖먹이 젖소 결합 방목 가축 프리미엄 도입을 하는 것이다. 방목은 생물다양성과 기후보호, 초지와 경관 보존, 홍수 방지에 중요한 역할을 하지만, 수익성 때문에 방목 축산을 포기하는 상황을 개선하기 위한 조치다.*편집자 주)

두 번째 기둥에서 농업투자지원 프로그램(AFP)은 가장 중요한 자금 지원 수단이다. 독일은 13개 유형이 있다. 지역에 따라 저마다 요구를 충족하기 위해, 연방 주에서는 지역마다 자체 기준과 다양한 기금 비율이 있다. 이는 반드시 지속가능하고 동물에

육류 산업은 낮은 가격을 유지하기 위해 사육과 운송과정의 명백한 결점을 지속시키고 있다

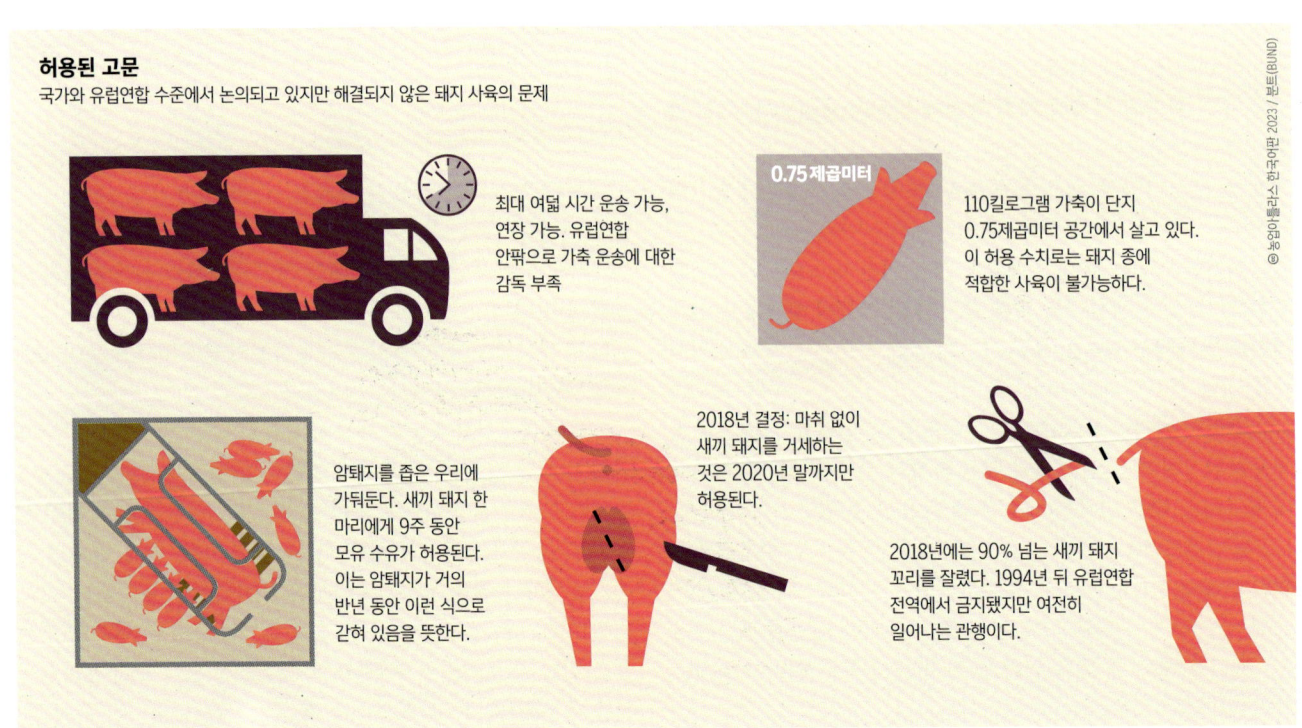

허용된 고문
국가와 유럽연합 수준에서 논의되고 있지만 해결되지 않은 돼지 사육의 문제

최대 여덟 시간 운송 가능, 연장 가능. 유럽연합 안팎으로 가축 운송에 대한 감독 부족

0.75제곱미터 — 110킬로그램 가축이 단지 0.75제곱미터 공간에서 살고 있다. 이 허용 수치로는 돼지 종에 적합한 사육이 불가능하다.

암퇘지를 좁은 우리에 가둬둔다. 새끼 돼지 한 마리에게 9주 동안 모유 수유가 허용된다. 이는 암퇘지가 거의 반년 동안 이런 식으로 갇혀 있음을 뜻한다.

2018년 결정: 마취 없이 새끼 돼지를 거세하는 것은 2020년 말까지만 허용된다.

2018년에는 90% 넘는 새끼 돼지 꼬리를 잘랐다. 1994년 뒤 유럽연합 전역에서 금지됐지만 여전히 일어나는 관행이다.

게 이로운 사육 방식을 적용하고, 유럽연합 규정보다 더 높은 기준을 충족해야 한다.

2002년부터 닭을 케이지에서 사육하거나 젖소를 밧줄로 묶는 것 같은 동물에 유해한 사육 방식은 농업투자지원 프로그램에서 지양하고 있다.

농업투자지원 프로그램은 기본 지원과 프리미엄 지원을 구별한다. 2017년에는 두 지원 모두가 8개 연방 주에 제공됐고, 다른 주에는 프리미엄 지원만 했다. 헤센 주 농민들은 사육 시설 건설을 위한 기본 지원을 받으려면 젖소의 사육 공간이 적어도 5.5 제곱미터라는 것과 가축이 누울 수 있는 곳이 편안한지 증명해야 한다. 프리미엄 지원은 젖소를 위해 제공한다.

니더작센 주와 슐레스비히홀슈타인 주는 이러한 조건 말고도 낙농업자가 고용과 초지를 증명하면 해당 낙농업자에게 보조금 40퍼센트를 지급한다. 바이에른 주는 계류식 우사(운동시간 말고는 목을 고정하는 방식)에서 방사식 우사로 전환하는 낙농업자를 추가로 지원한다.

가축마다 적합한 축사 건축을 위한 기금은 연방 주마다 다르다. 작센 주에서는 최대 300만 유로를 동물복지 자금으로 신청할 수 있고, 바이에른 주에서는 75만 유로만 신청할 수 있다. 또한 바이에른 주에서는 2017년 농업투자지원 프로그램 지원율이 인하됐고, 그때까지 있었던 기본 지원은 완전히 폐지됐다. 양돈 농가에 대한 그다지 효용성 없던 보조금 탓에 농업투자지원 프로그램이 지원해온 양돈 농가는 2015년부터 2017년 사이 전국에서 35퍼센트 줄었다.

유럽연합 집행위원회는 2021년부터 2027년까지 공동농업정책에 대한 제안에서 동물보호를 위한 아홉 가지 구체 목표를 처음으로 포함시켰다. 이러한 목표에 따라 국가 전략 계획을 개발해야 하는 유럽연합 회원국들은, 이제 동물보호에 대한 조치를 측정가능한 지표로 제시해야 한다. 제재를 통해 국가들이 이러한 계획을 이전보다 더 일관되게 지키도록 이끌 수 있다. 법적 기준을 훨씬 뛰어넘는 기준으로 가축을 사육하는 농민에게 보상하도록 모든 회원국이 동물보호 프로그램을 의무화하는 것도 생각해볼 수 있다.

국가 차원에서는 농민을 위한 장기적이고 접근하기 쉬운 지원이 필수다. 이는 계획의 안정성을 높이고, 동물복지에 대한 투자 의지를 높인다. 이를 위해 연방 정부의 추가 기금이 필요하다. 학자들은 독일이 더 나은 동물복지를 위한 축산으로 전환하려면 해마다 30~50억 유로를 집행해야 한다고 내다 본다. ●

소비자의 동물복지에 대한 인식은 정치인보다 월등히 높다

공장식 축산 중심지에서 동물복지 농업정책은 아직 머나먼 이야기다

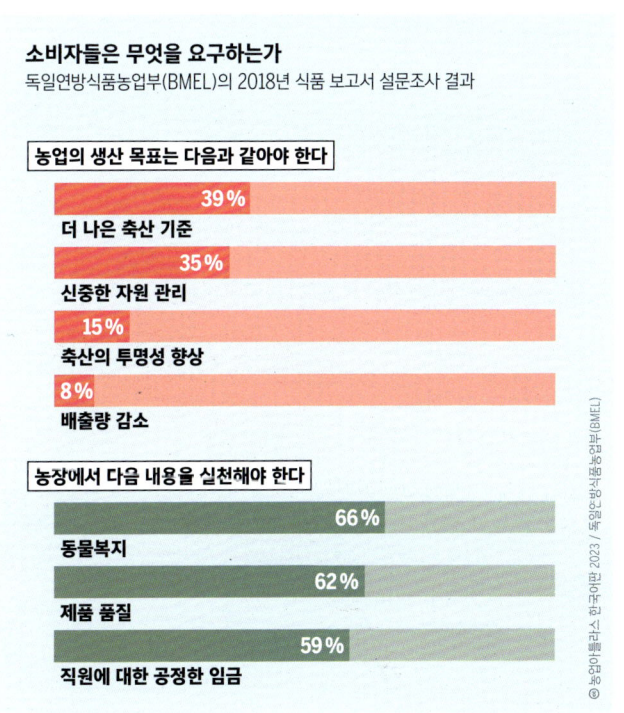

비료
경작지에서 물을 보호하려면

물에 질산염이 너무 많으면 생태, 경제와 건강에 피해가 발생한다. 지금까지는 수질 보호와 농업정책이 제대로 연결되지 않아 이를 방지하지 못했다. 게다가 관리도 부족하다.

1991년 질산염 지침은 농업 생산 과정에서 발생하는 질소 오염으로부터 유럽연합의 지하수와 지표수를 보호하는 것을 목표로 한다. 이 지침은 처음에는 좋은 기록을 보여줬다. 2004년부터 2007년까지 지표수 측정 결과를 보면 전체 70퍼센트에서 질산염 농도가 안정되거나 감소했다. 지하수 수질은 측정지 3분의 2가 같은 수질로 유지되거나 심지어 개선됐다.

이러한 초기 균형에도 현재 유럽 여러 지역의 지하수는 질산염으로 심하게 오염돼 있다. 2012년에서 2015년 사이 측정지 13.2퍼센트에서 식수 허용기준치인 리터마다 50밀리그램을 초과했다. 이 허용기준을 초과하면 생태, 경제 그리고 건강 피해가 발생한다. 특히 독일과 스페인에서 질산염 수치는 높게 나타나며 작은 섬인 몰타에서도 질산염 수치가 높다.

여기에는 다양한 이유가 있다. 집약식 축산은 가축 밀도가 너무 높아 가축 분뇨가 식물이나 토양에 흡수될 수 있는 한계를 넘어선다. 집약식 농업도 같은 문제가 나타난다. 작물이 질소를 완전히 흡수하지 못해 토양에 아직 질소가 남아 있는데도 수확 직전에 또 비료를 투입한다.

불가리아는 유럽연합에 가입한 2007년부터 10년 동안 질소 소비량이 두 배로 늘었다. 독일의 소비량 수치가 높은 이유는 주로 가축 사육으로 사료를 수입하면서 생기는 영양소 과잉 때문이다. 유럽연합 전역에서 대부분 가축은 콩으로 만든 수입 사료를 먹는다. 유럽연합 사료 기업은 2017년 한 해에만 3,300만 톤에 이르는 대두와 대두박을 수입했다.

작물이 흡수하지 못하는 과잉 공급된 질소는 물로 흘러 들어가 시냇물과 호수를 부영양화(富營養化) 상태로 만든다. 질산염은 지하수도 오염시키고, 연안 해역 수질에도 영향을 미쳐 부영양화 상태가 된다. 이는 해양 보호의 큰 과제 가운데 하나다. 발트해 거의 모든 지역과 북해 바텐메어(Wattenmeer, 독일 북해 있는 최대 갯벌이자 국립공원.* 편집자 주)가 이런 영향을 받고 있다. 자연 상태에서 애초 영양소가 부족한 지중해에도 많은 곳에서 영양분이 유입돼 부담을 겪고 있다. 지중해 북부 해안 지역이 특히 심하게 영향 받는다.

비료에서 나오는 영양분은 물에 씻겨 흘러간다. 또한 바다양식 사료 잔류물과 배설물도 부영양화를 일으킨다. 바다에 영양염류, 특히 질산염이 쌓이면 식물성 플랑크톤 같은 해조류가 과잉 증식해 녹조 현상과 산소 부족을 불러온다. 수질이 급격히 나빠져 어패류를 위협하고 바다 서식지가 위험해진다. 많은 생물종이 이러한 조건에서 더 이상 생존할 수 없게 되고, 민감하지 않은 종이 더 많이 번식하는 상황이 된다.

인산염은 비료로 더 적게 사용된다.
질소는 다른 비료 사용이 줄어드는 것에 비해
더 많이 뿌려지며 소비가 되레 늘고 있다

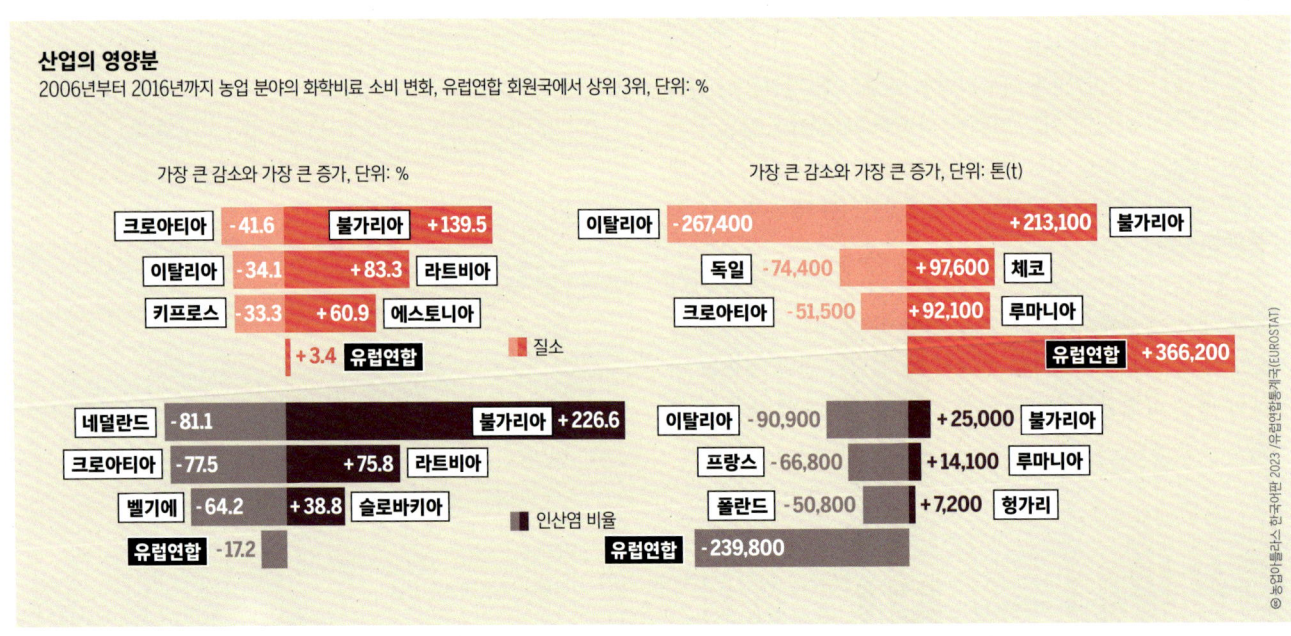

산업의 영양분
2006년부터 2016년까지 농업 분야의 화학비료 소비 변화, 유럽연합 회원국에서 상위 3위, 단위: %

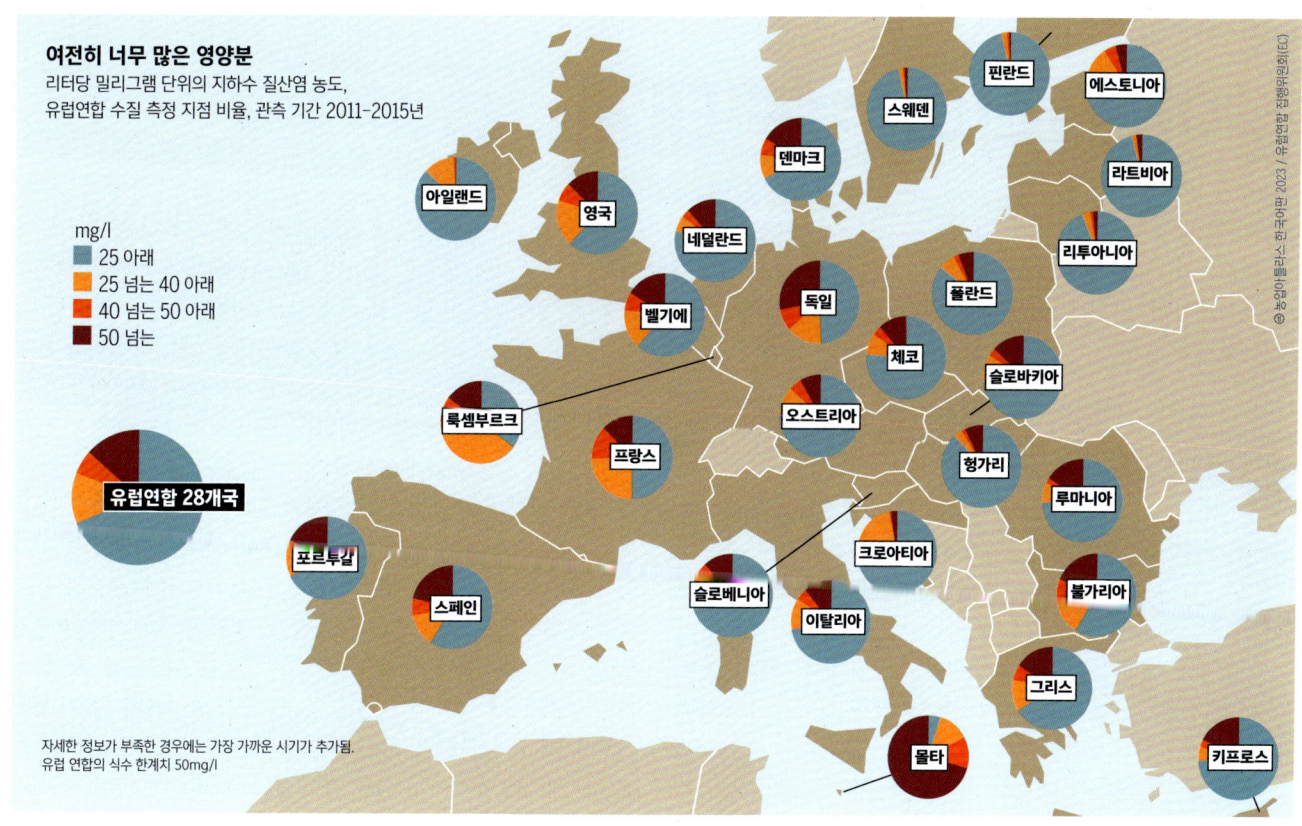

부영양화를 억제하기 위해 유럽연합은 여러 방법을 사용할 수 있음에도 충분히 활용하지 않고 있다. 불행하게도 재정이 갖춰져 있고 실제 효과를 발휘할 수 있는 '물 관리 기본지침(Water Framework Directive, WFD)과 해양전략 기본지침(Marine Strategy Framework Directive, MSFD)' 같은 정책이 있지만 부영양화 억제에 실제 영향을 미치지 못하고 있다.

일부 유럽연합 회원국들이 질산염 문제 해결을 위한 활동을 적게 하는 동안 다른 국가들은 모범을 보이며 앞서가고 있다. 덴마크는 더 엄격한 법률로 비료 사용과 문서화 의무에 대한 자세한 지침을 마련했다. 덴마크와 더불어 벨기에, 네덜란드에서는 더욱 친환경적인 응용 기술을 법으로 규정하고 있다. 네덜란드는 특정 지역에서 헥타르마다 정해진 양의 비료만 사용할 수 있기 때문에 농장들은 동물 개체수를 줄일 수밖에 없다.

국가 차원 규제는 지하수 보호와 유럽연합 농업정책이 조화를 이룰 때만 효과가 있다. 게다가 더 많은 통제가 필요하다. 하지만 현재 유럽연합 기금은 환경친화적으로 농사짓는지, 그리고 질소 오염을 줄이는지와 관련이 없다.

미래의 유럽 공동농업정책(CAP)은 친환경적이고 종에 적합한 사육을 장려해야 한다. 동시에 가축 개체수를 줄이면 수질 보호 면에서 크게 개선될 수 있다.

기금에 대한 기준 가운데 하나는 토시바다 권리할 수 있을

오염된 지하수는 회복이 느리다.
유럽연합 집행위원회는 오염 물질 투입의
감소 추세가 너무 느리다는 것을 발견했다

특히 가축 분뇨는 지하수를 오염시킨다.
가축 개체수가 많은 지역은
적합한 비료 관리가 필수다

만큼의 동물 개체수만 사육해야 하며, 배설물을 완전히 순환할 수 있어야 한다는 것이다. 특히 축산업에서 곡물 사료가 아니라 초지와 목초지를 우선 이용해야 한다. 조방 방목가축은 소부터 양과 염소 사육 방식의 개선에도 필요하다. 생산자가 토양과 수질 상태를 보존하고, 공기정화를 유지하기 위한 유럽연합의 요구 사항을 지키지 않으면 지원금은 이전보다 훨씬 더 큰 폭으로 삭감해야 한다. 이러한 전체 위반 상황을 효과 있게 감시하고 감독하려면 감독 기관에 더 많은 인력과 예산이 필요하다. ●

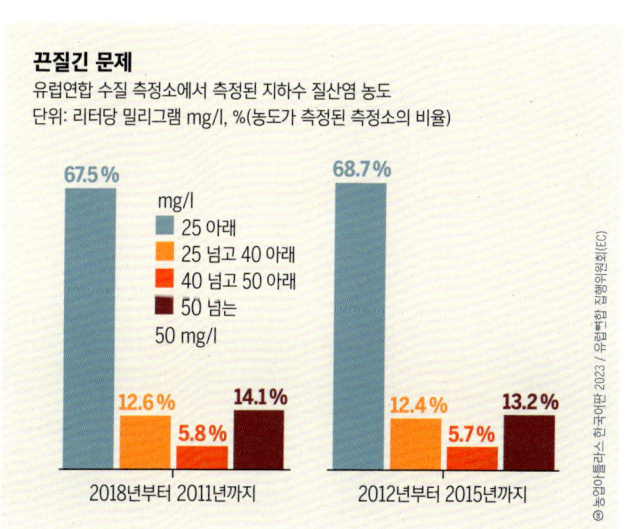

농업아틀라스 한국어판 2023   **39**

유럽연합의 유기농업
살아 움직이는 생태계

유기농업의 성장 요인은 소비자의 수요에 달려 있다. 여기에 국가 지원정책이 뒷받침되면 큰 도움이 된다. 하지만 유럽연합은 여전히 이런 유기농업의 환경성과에 너무 적게 보상한다.

유기농업은 관행농업과 달리 합성화학 농약이나 쉽게 분해되지 않는 화학비료를 사용하지 않고, 유전자조작 작물을 재배하지 않는다. 유기 축산은 충분한 사육 공간과 사료 사용에 대한 엄격한 규정이 적용된다. 유기농가는 자기 조절 능력이 있는 하나의 생태계라 할 수 있다. 유럽연합에서는 연합 전체에 적용되는 법 규정에 따라 유기농 제품이 생산된다. 회원국 자체 기준은 유기농업 협회들이 추가로 표준을 정하고 있다. 이러한 국가 단위 표준은 유럽연합의 법규보다 엄격한 경우가 많다.

유기농업은 제한된 자원을 절약해 사용하며 환경에 부담을 적게 주기 때문에 자연과 사회에 의미 있는 역할을 한다. 유럽의 유기농 경작지는 전체 농지 면적의 2.7퍼센트이며, 유럽연합 전체로는 6.7퍼센트다. 유럽연합에서 유기농 경작 비율이 가장 높은 나라는 오스트리아, 에스토니아, 스웨덴이다. 절대 면적으로 따지면 스페인, 이탈리아, 프랑스가 가장 넓다. 2016년 이탈리아는 30만 3,000헥타르, 프랑스는 21만 6,000헥타르, 독일은 16만 2,000헥타르로 유기농 경작 면적이 지난 연도와 비교해 눈에 띄게 늘었다.

유럽연합 유기농업이 바람직한 방향으로 발전한 요인은 소비자의 높은 수요와 국가 지원정책에 있다. 2000년부터 2016년까지 유럽연합의 1인 기준 유기농 식품 소비는 거의 4배가 됐다. 2016년 1인당 유기농 식품 소비액은 60.50유로다. 같은 기간 유럽연합 유기농 식품 시장은 해마다 평균 5퍼센트에서 19퍼센트 성장했다. 세계에서 두 번째로 큰 유기농 시장인 독일은 2017년 이미 유기농 식품이 100억 유로 정도 판매됐다. 이는 독일연방 전체 시장에서 5퍼센트 넘게 차지한다. 국내 시장의 유기농 비율이 세계에서 가장 높은 나라는 덴마크다. 덴마크 유기농 시장은 전체 시장에서 10퍼센트 넘게 차지한다.

유럽연합의 공동농업정책(CAP)에는 유기농 농장만을 대상으로 하는 지원금이 있다. 유기농 농장의 경작 방식은 공동농업정책의 첫 번째 기둥에 해당하는 직불금이 요구하는 환경 규제들을 자연스럽게 충족한다. 유럽연합은 농업 환경과 기후 정책을 위한 예산 6.4퍼센트를 유기농업에 사용한다. 유럽연합 전체 유기농 농가는 몰타가 가장 적은 0.2퍼센트, 덴마크가 가장 많은 13.2퍼센트를 차지한다. 관련 예산에서 경작지 면적에 따라 유기농 농가에 지급하는 지원금이 전혀 없는 나라는 네덜란드뿐이다. 대신 네덜란드는 유기농 분야의 경쟁력을 강화하기 위한 정책 수단에 집중하고 있다.

유럽연합의 유기농업 보조금은 유기농업으로 전환하는 보조금과 유기농업 유지 보조금으로 구분된다. 그 밖에도 토지 이용 방식에 따른 보조금이나 가축과 농작물의 밀도에 따른 지원금이 있다.

10년 동안 먹거리와 환경에 대해 의식이 있는 고객의 소비가 두 배로 늘었다

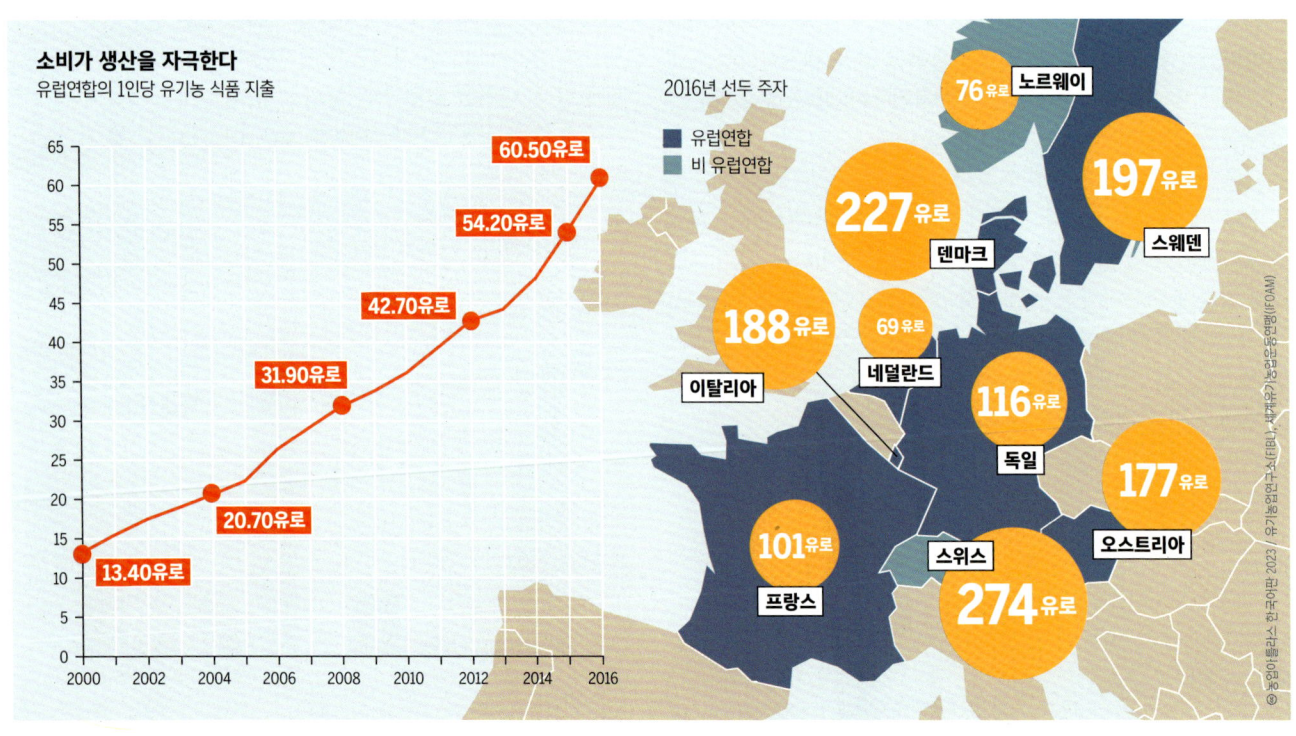

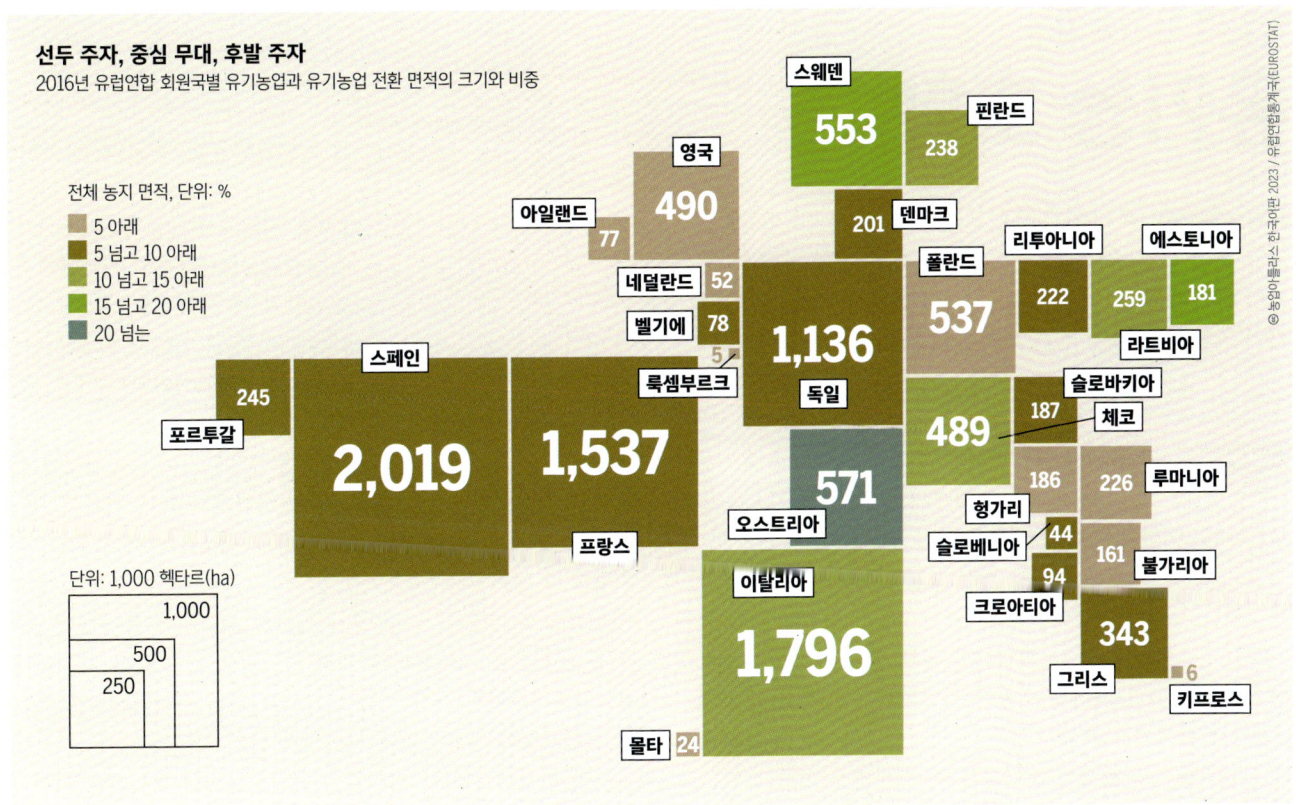

선두 주자, 중심 무대, 후발 주자
2016년 유럽연합 회원국별 유기농업과 유기농업 전환 면적의 크기와 비중

덴마크는 질소 비료 투입을 1헥타르 마다 최대 60킬로그램 아래로 줄이도록 지원하고 있으며, 헝가리는 수확을 위한 초지보다 방목 초지에 더 높은 보조금을 지불한다. 면적에 따라 지급하는 유기농업 유지 보조금은 초지 경우 스웨덴은 가장 적은 43유로, 에스토니아는 가장 많은 545유로를 지급한다. 농경지 경우 영국은 가장 적은 90유로, 슬로베니아는 가장 많은 600유로를 지급하며, 채소 재배지 경우 덴마크는 가장 적은 184유로, 벨기에와 키프로스는 가장 많은 900유로를 지원한다.

지난 30년 동안 유기농업은 매우 중요해졌다. 하지만 유럽의 제품만으로는 늘어나는 유기식품 수요를 충족하지 못하고 있다. 이를 위해 유럽연합 공동농업정책은 농업 환경과 기후 정책을 겨냥해 유기농업에 지원자금을 투입하고, 전체 가치사슬을 포괄하는 국가 단위 전략을 세워 유기농업을 지원해야 한다. 2018년 6월 유럽연합 집행위원회는 새로운 예산 기간에 유기농업에 대해 경작면적에 따른 지원금을 계속해서 지원할 것을 제안했다. 하지만 유기농업의 지원과 그 방식에 대해서는 기존과 마찬가지로 회원국이 저마다 결정권을 가진다. 프랑스는 앞으로 유기농업을 유지하는 것에 대해 더 이상 보조금을 지불하지 않고, 유기농업으로 전환할 때만 보조금을 지급할 계획이다. 그 밖에도 지원금 수준은 차기 예산 기간의 새로운 공동농업정책이 유기농가의 별도 환경성과에 보상하게 될 금액의 규모에 달려 있다. (2020년 유럽연합 집행위원회는 2030년까지 농지 25퍼센트를 유기농업으로 전환하고, 살충제 50퍼센트와 비료 사용량 20퍼센트를 줄이는 '유기농 생산의 발전을 위한 행동계획'을 발표했다. 유기농업을 균형 있게 성장시키기 위해 '유기농 식품의 생산과 소비 활성화 방안', '유기농의 날' 제정을 포함해 23개 조치를 담고 있다. 2023년 기준 유럽 전체 유기농지 비율은 8.5퍼센트로, 회원국마다 비율이 0.5~25퍼센트로 크게 차이 나는 실정이다.' 편집자 주)

오스트리아, 체코, 이탈리아 같은 국가들이 유럽 유기농업의 선두 주자다

유럽연합의 유기농 축산과 육류 생산은 유기농 작물 생산에 비해 시장 점유율이 낮다

값 싼 고기에 대한 저항
2016년 유럽연합 유기농 기준에 따라 사육하는 가축, 종류에 따른 가축 두수, 유럽연합 전체에서 차지하는 비율

- 소: 3,642,000 — 4.5%
- 돼지: 963,000 — 0.7%
- 양: 4,365,000 — 4.5%
- 가금류: 43,263,000 — 3.1%

독일의 유기농업
유기농 호황

유기농붐에도 불구하고 유럽연합의 농업 기금은 되레 독일 농업 전환에 방해가 되고 있다. 유럽연합 본부는 농지 면적에 따른 일괄 직불금을 지급하지만, 유기농업 지원금은 독일 연방 주가 지원해야 한다.

독일의 유기농업 농장은 2만 9,000가구가 넘는다. 유기농가와 함께 유기농지 면적도 늘어나고 있다. 2017년 독일 전체 1,700만 헥타르 농지 가운데 8퍼센트 넘는 거의 140만 헥타르가 유기농으로 경작되고 있다. 이는 15년 전보다 두 배 넘게 늘어난 수치다. 유기농업에서 관행농업으로 돌아간 사람은 거의 없다. 농민들이 유기농업으로 전환한다는 것은 대체로 삶의 변화에 대한 결정을 뜻한다. 왜냐하면 종의 특성에 적합한 축사, 농장에서 사료를 생산하기 위한 농지 확장, 농지의 생물다양성 개선을 위한 투자는 오랜 기간에 걸쳐 수익이 날 수 있기 때문이다.

농장 종류에 따라 특정 농장들은 다른 농장에 비해 더 쉽게 유기농업으로 전환할 수 있다. 그런 이유로 독일 과수 면적의 20퍼센트 정도, 가축 방목을 위한 초지 15퍼센트 정도가 생태적으로 경작되고 있다. 그에 비해 유기농 돼지, 유지작물(오일시드), 가금류 고기, 또는 곡물은 아직 현저히 드물다.

유기농업 경작지 비율은 주마다 차이가 있다. 니더작센 주의 유기농업 경작지 비율은 4퍼센트 아래로 독일에서 가장 낮다. 이에 비해 자를란트 주는 15퍼센트로 가장 높다. 이런 차이에는 여러 이유가 있다. 집약식 축산을 하는 지역에서는 유기농업으로 전환이 조방 농업(자본과 노동력을 적게 들이고 주로 자연력에 의존하는 농업*편집자 주)을 하는 중간 산악 지대에 비해 어렵다. 정치가 여러 해 동안 지속해서 분명하게 유기농을 위한 실천계획을 가지고 활동한 지역은 그 어느 곳보다 큰 성과가 있었다.

유기농업이 독일 우커마크나 베르기쉬 란트, 또는 알고이 지역에 얼마나 좋은 기회인지는 공동농업정책이 어떻게 방향을 설정하는지와 관련이 있다. 유럽연합 본부가 유기농업 지원을 위한 틀을 결정하고, 독일의 주는 그 틀 안에서 많든 적든 유기농업을 지원할 수 있기 때문이다. 하지만 최근 공정성 문제가 여러 주를 곤란하게 하고 있다. 유럽연합에서 전액 지급하는 공동농업정책 보조금이 농지 면적에 따라 일괄 지급되는 것과 달리, 유기농업 보조금은 보덴제 호수부터 발트해까지, 독일 전역에서 연방주마다 유럽연합과 재정을 공동 부담해야 하기 때문이다.

비록 많은 곳에서 유기농 경작지가 늘어나고 있지만, 이것으로는 독일인의 유기농 식품 구매에 대한 관심을 충족시킬 수 없다. 몇 년 동안 독일은 공급에 비해 수요가 더 많이 늘어났기 때문이다. 이 기간 유기농업 경작지 면적이 한 해 평균 4퍼센트 정도 늘어

관행농업이 우세한 곳에서 유기농업은 여전히 약하다. 초지, 목초지, 과수와 채소 재배가 더 많은 지역은 유기농 비율이 높다

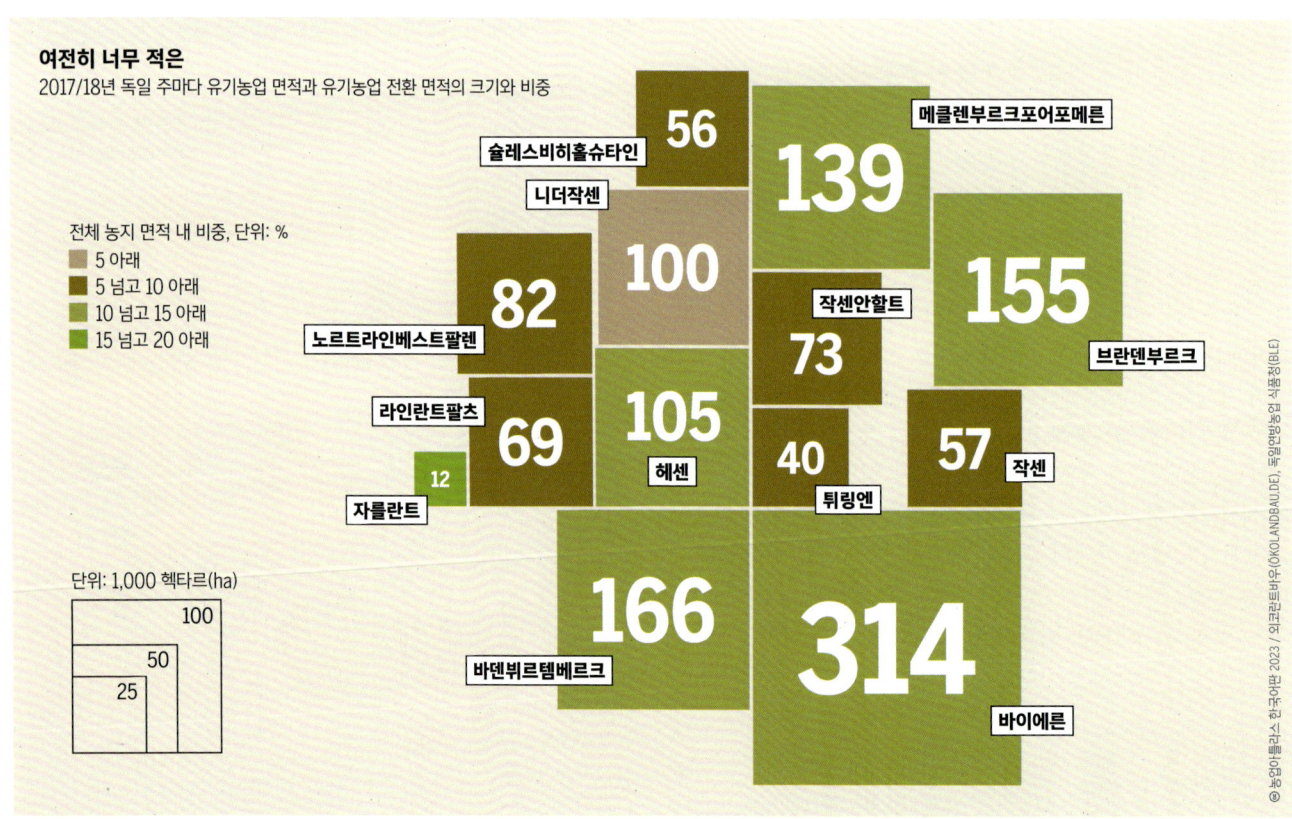

여전히 너무 적은
2017/18년 독일 주마다 유기농업 면적과 유기농업 전환 면적의 크기와 비중

장바구니 속 미래
주요 신선 유기 식품이 2017년 가계 식품 구매량에서 차지하는 비율

- 우유 8.0%
- 계란 12.4%
- 빵 4.2%
- 감자 5.3%
- 치즈 2.6%
- 채소 7.1%
- 육류 2.0%
- 과일 6.0%
- 소시지 1.3%

유기농 신선란 시장 점유율은 거의 두 자릿수에 이른다. 오랫동안 진행된 닭 사육에 대한 홍보가 효과를 보기 시작했다

난 것에 비해, 유기식품 총 판매액은 거의 9퍼센트 가량 증가했다.

그렇지만 지난 3년 동안 훨씬 더 많은 농민이 유기농업을 하기로 결정했다. 그 결과 사람들이 원하는 지역 생산 유기농산물을 점점 더 자주 상점에서 발견할 수 있게 됐다. 소비자는 유기농산물에 공정한 가격을 지불하는 것을 통해 농업 개혁에 이미 기여하고 있다. 한 설문조사에 따르면 소비자들은 유기우유를 위해 56퍼센트나 높은 가격을 지불할 의향이 있다. 이는 기존 제품과 실제 가격 차이보다 분명히 더 큰 것이다.

더 높은 우유 가격으로 유기우유 생산 농민들은 이익을 얻고 있다. 유기우유 생산자들은 2018년 10월 1리터마다 약 47센트(€)에 우유를 판매했다. 반면 일반 우유 생산자들은 1리터마다 35센트에 판매했다. 또한 유기우유 가격은 안정돼 있다. 유기우유 가격은 2014년에서 2017년 사이 1리터에 2센트도 안 되게 내려갔다. 하지만 일반 우유 가격은 최고 38센트에서 27센트 아래까지 등락을 거듭했다.

기후와 지속가능성을 위한 의무를 충족하기 위해 독일 연방 정부와 주 정부는 유기농업을 함께해야만 한다는 것을 인정했다. 따라서 정부는 유기농업을 기후보호 계획(Klimaschutzplan)이나 독일 지속가능성 전략(Die Deutsche Nachhaltigkeitsstrategie) 같은 중심 프로젝트에 포함했다. 독일 연방 정부의 연정 합의서에는 2030년까지 독일 농지 20퍼센트를 유기농업으로 경작해야 한다는 내용이 들어가 있다.

농업과 먹거리의 긴밀은 유럽 공동농업정책의 정치 책임자들이 전체 구조를 변화시킬 때만 가능하다. 공동농업정책은 수십억 유로의 세금으로 어떤 방식의 농업이 혜택을 받을지를 결정하기 때문이다. 현재 농민들은 자원 보호에 대해서는 보상을 받고 있지 않다. 오히려 반대. 적법하게 운영은 하지만 환경 관련 기준이 느슨해 지하수를 오염시키고 지구 온도를 높이고, 생물종의 멸종 속도를 더욱 빠르게 하는 농가들도 직불금을 받는다. 안타깝게도 유럽연합 공동농업정책은 환경에 피해를 주는 농업까지 지원하고 있다.

더 많은 농민이 유기농업으로 전환하게 하려면 환경과 기후, 동물보호의 방향으로 세금이 흘러들어야 한다. 유럽연합은 직접 생태적인 발전을 규정한다. 유럽연합 집행위원회와 의회, 회원국 정부가 적극 자원을 보호하는 행위자를 지원할 때만 유기농은 공정한 기회를 얻게 될 것이다. 유기농이 농민과 소비자를 위한 것으로 존재한다면 농업의 미래가 될 수 있을 것이다. ●

비록 농업정책이 아직 유기농업으로 방향을 전환하지 않았지만, 최근 몇 년 동안 더 많은 농가들이 유기농업으로 전환을 시도했다

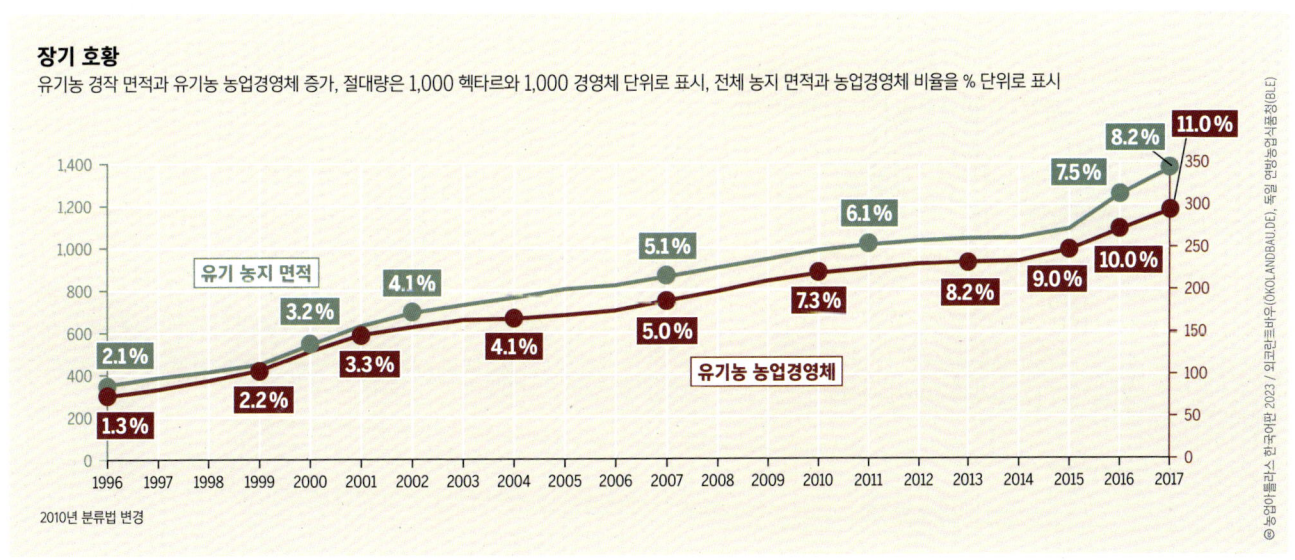

장기 호황
유기농 경작 면적과 유기농 농업경영체 증가, 절대량은 1,000 헥타르와 1,000 경영체 단위로 표시, 전체 농지 면적과 농업경영체 비율을 % 단위로 표시

2010년 분류법 변경

건강
책임을 묻다

유럽연합의 농업은 안전한 먹거리와 어떤 관련이 있는가? 건강한 식생활과 어떤 관련이 있는가? 사회 정의와 어떤 관련이 있는가? 이 모든 질문에 간단한 해답은 없다.

누구에게나 건강은 매우 중요하다. 유로바로미터 설문조사에서 유럽인들은 두 번째로 중요한 정치 문제로 '신체의 건강과 사회보장'을 꼽았다. 실업만이 이보다 중요한 주제였다. 또 다른 설문조사에서 응답자들은 안전하고 건강하며, 질 좋은 먹거리가 유럽연합 공동농업정책(CAP)의 최우선 순위가 돼야 한다고 답했다.

농업과 건강은 밀접한 관계가 있다. 농업 분야는 먹거리를 생산하고 이를 통해 인간의 기본 필요를 충족시키지만, 여러 달갑지 않은 영향을 미치기도 한다. 과도한 항생제 사용이 여기에 속한다. 유럽연합에서는 해마다 항생제 7,700톤이 동물에 사용된다. 이것은 결국 우리의 식탁에 오른다. 항생제 내성의 원인은 축산에서 이런 약품을 계속 많이 사용하고 인간 의학에서 부적절하게 사용하기 때문이다. 유럽연합에서는 항생제 효과가 없어져 2050년까지 해마다 39만 명이 사망할 것으로 추정한다.

그 밖에도 농업은 대기 오염에 대한 중대한 책임이 있다. 유럽환경청(EEA)에 따르면 유럽연합의 암모니아 배출 90퍼센트가 농업 분야에서 나온다. 암모니아는 환경을 해치고 건강에 해로운 입자가 호흡을 통해 유입되는 것을 촉진한다. 대부분 암모니아는 액체비료나 화학비료에서 나온다. 비록 유럽연합의 암모니아 배출이 1990년에서 2016년 사이 23퍼센트 줄었지만, 여전히 환경에 무거운 부담이 된다.

농업과 안전한 먹거리의 관계 또한 뜨거운 논쟁거리다. 표준과 허용 기준은 식품 속 잔류농약, 박테리아와 곰팡이를 제한하기 위한 것이다. 식품 안전을 위한 유럽식품안전청(EFSA) 정기 검사에 따르면 잔류농약은 소비자 건강을 직접 위협하지는 않는 것으로 판단했지만, 소량이라도 장기간 노출되면 호르몬 균형에 나쁜 영향을 미칠 것이라는 우려가 커지고 있다. 농약 관련 문제를 포함한 건강 문제는 소비자가 유기식품을 선택하는 가장 큰 이유다. (유럽식품안전청 2020년도 연례보고서에 따르면 유럽연합에서 수집한 88,000개 식품 시료를 조사한 결과, 94.9퍼센트는 잔류농약이 법적 허용기준을 넘지 않은 것으로 나타났다. 잔류농약이 검출되지 않은 시료는 68.5퍼센트, 29.7퍼센트는 허용기준 아래 잔류농약이 하나 넘게 검출됐다. 허용치를 초과하는 시료는 1.7퍼센트, 이 가운데 0.9퍼센트는 규정을 지키지 않았다.'편집자주)

많은 전문가들이 아직은 농업과 건강한 먹거리의 관계에 대한 공개 발언을 아끼고 있다. 식품 섭취는 일부 질병의 원인이다. 세계보건기구 보고에 따르면, 유럽인은 절반 넘게 과체중이며, 거의 4분의 1이 비만이다. 전문가 협회인 세계비만연맹(WOF, 세계 50개 지역과 비만 관련 단체가 참여하고 있다. 10월 11일을 '세계 비만의 날'로 정하고 비만 예방 활동을 하고 있다.'편집자주)은 효과 있는 건강 정책이 없다면 유럽연합의 많은 국가에서 아동 과체중과 비만이 계속 늘어날 것이라고 경고했다. 이 때문에 상당한 재정 부담이 발생할 것으로 내다본다.

농업 분야에서 거의 모든 식품을 생산하지만, 농업정책이 소비에 얼마나 영향을 미치는지에 대한 학계의 합의는 놀랍게도 거의 없다. 하지만 우리가 먹고 마시는 것에 영향을 미치는 경제, 정치, 사회문화 요소에 대해서는 잘 알려져 있다. 공급망이 짧은 경우를 빼면 대부분 식품의 이동은 다국적 기업의 영향을 많이 받는다. 유럽 19개 나라에서 실시한 2018년 연구에 따르면 고도로 가공된 식품을 많이 섭취하는 가정에서 비만이 더 흔한 것으로 나타났다. 이런 식품은 보통 칼로리가 높고 설탕과 지방이 많으며 식이섬유가 적다.

2021년부터 적용되는 새로운 공동농업정책은 처음으로 건강 주제를 목표에 포함하고 있다. 이는 회원국이 모든 유럽연합 정책 영역을 아우르는 주제로 확정하고 이를 통해 시민의 건강을 뚜렷하게 개선할 것을 약속한 뒤 25년 만에 이뤄진 큰 도전이다. 하지만 유럽연합 기본정책이 시민의 건강복지를 실제로 개선하려면 보건의료 관계자들이 정책 구성에 참여해야 한다. 이는 유럽연합 농업정책 구성에 이들이 포함돼야 한다는 것을 뜻한다. (2023~2027년에 시행될 공동농업정책은 지속가능한 농업과 임업 체계를 구축해 2050년 탄소중립과 기후위기 극복을 위한 '그

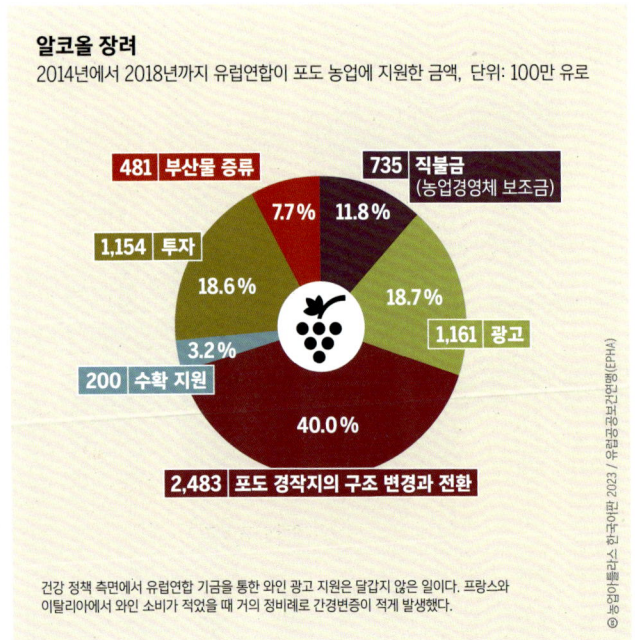

알코올 장려
2014년에서 2018년까지 유럽연합이 포도 농업에 지원한 금액. 단위: 100만 유로

- 481 부산물 증류 — 7.7%
- 735 직불금 (농업경영체 보조금) — 11.8%
- 1,154 투자 — 18.6%
- 1,161 광고 — 18.7%
- 200 수확 지원 — 3.2%
- 2,483 포도 경작지의 구조 변경과 전환 — 40.0%

건강 정책 측면에서 유럽연합 기금을 통한 와인 광고 지원은 달갑지 않은 일이다. 프랑스와 이탈리아에서 와인 소비가 적었을 때 거의 정비례로 간경변증이 적게 발생했다.

와인 광고, 담배 재배, 더 많은 육류, 더 싼 설탕, 양조 맥주를 위한 홉 - 유럽연합이 지원 기금에서 건강 정책에 문제가 있는 내용의 목록은 길다

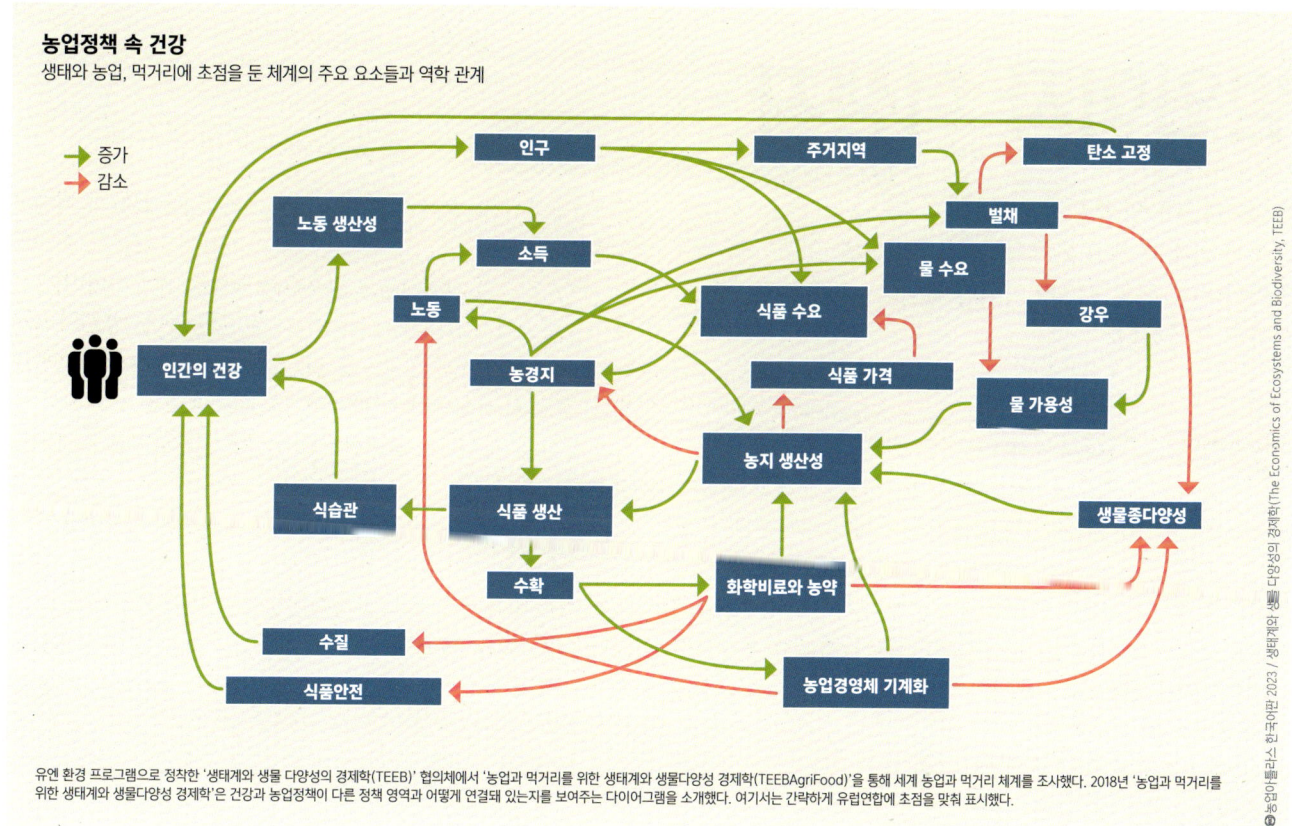

농업정책 속 건강
생태와 농업, 먹거리에 초점을 둔 체계의 주요 요소들과 역학 관계

유엔 환경 프로그램으로 정착한 '생태계와 생물 다양성의 경제학(TEEB)' 협의체에서 '농업과 먹거리를 위한 생태계와 생물다양성 경제학(TEEBAgriFood)'을 통해 세계 농업과 먹거리 체계를 조사했다. 2018년 '농업과 먹거리를 위한 생태계와 생물다양성 경제학'은 건강과 농업정책이 다른 정책 영역과 어떻게 연결돼 있는지를 보여주는 다이어그램을 소개했다. 여기서는 간략하게 유럽연합에 초점을 맞춰 표시했다.

린딜(Green Deal)'을 달성하는 것이 목표다. 10개 핵심 목표는 다음과 같다. ①공정한 농가 수입 보장 ②농업 경쟁력 강화 ③시장에서 농민의 지위 개선 ④온실가스 배출 감소와 토양 탄소 고정으로 기후위기 극복에 기여 ⑤화학물질 의존도 축소와 효율성 있는 천연자원 관리 ⑥생물다양성과 서식지, 경관 보존 ⑦세대교체 ⑧농촌지역 일자리와 성평등 ⑨안전하고 건강한 식품 공급 ⑩디지털 기반시설 확대로 농민들의 지식 교류와 공유, 혁신 추구* 편집자 주)

공공 보건은 환경, 동물복지, 사회 정의 같은 다른 정책 영역과 밀접한 관련이 있다. 동물을 건강하게 하는 더 나은 동물복지는 항생제의 수요를 낮춘다. 소농의 소득 증가는 이들이 사회적으로 소외될 위험을 낮추고 농촌 지역의 구조를 개선한다. 축산을 줄이고 더 많은 과일과 채소를 생산하는 것은 온실가스 배출량을 줄이고 공기와 수질 오염을 줄인다. 이는 건강하고 지속가능한 먹거리와 연결된다. 또한 건강하고 안전한 식품은 생산자들에게 더 높은 수입을 보장한다. 농약 사용을 줄이면 관련 건강 위험을 낮추고, 식물의 수분을 도와 무엇보다 식량 안보에 매우 중요한 매개체인 곤충을 보호한다.

2021년부터 2027년까지 7년 동안 보조금으로 3,650억 유로를 쓰게 될 공동농업정책은 이러한 발전을 지원할 수 있다. 미래를 생각하는 공동농업정책은 수요와 공급 측면에서 건강하고 지속가능한 먹거리를 촉진해야 한다. 정보 전달 캠페인이나 개선된 표시 제도를 통해 이를 가능하게 할 수 있다.

> 특히 지중해 인접 국가에서 건강에 대한 바람은 실업에 대한 두려움보다 덜 중요한 일로 여긴다

> 유럽연합은 농업정책과 다른 정책 분야를 연결할 수 있는 바람직한 조직이다. 이러한 연결은 건강과 지속가능성을 향한 한결음이 될 것이다

하지만 건강하고 지속가능한 먹거리로 전환하는 것이 농업정책에만 달린 것은 아니다. 지속가능한 생산은 지속가능한 소비를 통해서만 가능하다. 이러한 소비가 진정으로 지속가능하려면 동시에 건강을 추구해야 한다. 이를 위해 전체를 아우르는 식량정책에 따라 먹거리와 농업 체계에 영향을 미치는 모든 정책 영역에서 조정된 접근 방식과 조치가 필요하다.

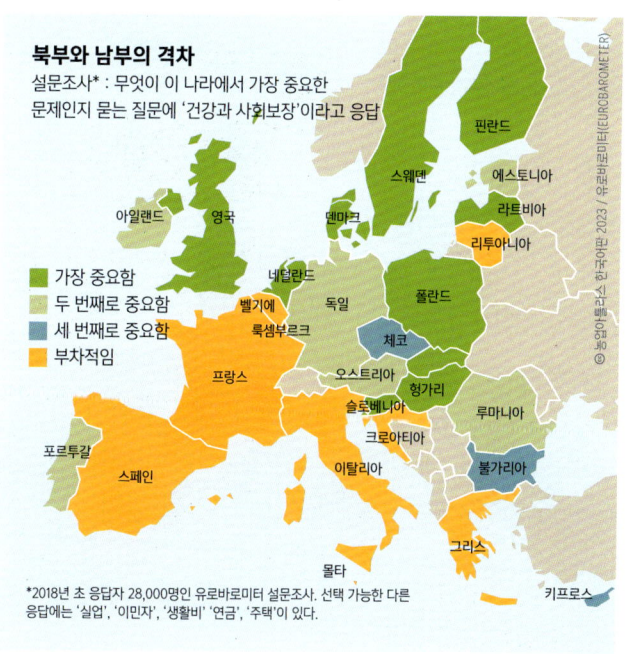

북부와 남부의 격차
설문조사*: 무엇이 이 나라에서 가장 중요한 문제인지 묻는 질문에 '건강과 사회보장'이라고 응답

- 가장 중요함
- 두 번째로 중요함
- 세 번째로 중요함
- 부차적임

*2018년 초 응답자 28,000명인 유로바로미터 설문조사. 선택 가능한 다른 응답에는 '실업', '이민자', '생활비', '연금', '주택'이 있다.

기후

범인이자 희생자

유럽연합은 농업 부문의 오염 물질 배출량을 줄이기 위해 큰 목표를 세웠다. 하지만 실제 조치와 지원 프로그램 뿐 아니라 회원국들의 공감이 부족하다.

기후변화는 다양한 방식으로 농업에 영향을 미친다. 북유럽에서 따뜻해진 날씨는 전체 농업 생산에 유리할 수도 있겠지만, 중부와 남부 유럽에서는 심각한 결과로 이어진다. 가뭄, 홍수, 높아진 기온은 해충 피해와 식물 질병을 일으키며, 수확량 감소와 흉작을 가져온다. 그렇지만 농업 분야 자체도 기후변화에 한몫하고 있다. 경작지에 뿌리는 화학비료는 많은 양의 아산화질소(N2O, 이산화탄소보다 온난화 잠재력이 300배 높은 온실가스, 오존층 파괴 기체화합물, 주로 비료 살포한 경작지에서 배출* 편집자주)를 배출하며, 축산 분야에서는 메탄이 발생한다. 농업은 세계 전체 온실가스 배출 4분의 1에 대한 책임이 있다.

유럽의 농업 분야는 에너지 생산과 운송 다음으로 세 번째로 큰 온실가스 배출원이며 전체 온실가스의 약 10퍼센트를 차지한다. 농업의 온실가스 배출 38퍼센트는 토양과 비료 사용에서 발생하며, 61퍼센트는 축산에서 배출한다. 축산 온실가스의 4분의 3은 반추 동물의 소화 과정에서, 4분의 1은 분뇨와 액체비료에서 발생한다.

지구 기후를 안정시키고 기후변화 영향을 최소화하려면 온실가스 배출을 대담하게 줄여야 한다. 2015년 파리기후협약에서 196개 국가는 탄소배출 감소를 위한 국가 목표를 세우기로 합의했다. 그 결과 유럽연합은 2030년까지 탄소배출을 40퍼센트 줄이고 생산을 제약하지 않으면서도 농업을 기후변화에 적응시킬 것을 약속했다.

유럽연합 공동농업정책(CAP) 개혁 과정에서 기후변화는 더욱더 중요성을 갖게 됐다. 2013년 개혁을 통해 기후 보호는 핵심 목표 가운데 하나가 됐고, 공동농업정책 두 번째 기둥에 자리 잡았다. 그렇지만 기후 보호를 위한 조치를 지원하는 데 유럽연합 국가들 사이에 큰 차이가 있으며, 여전히 많은 국가에서 기후 보호를 위한 참여는 우선순위에서 밀리고 있다.

농업환경과 기후조치만이 모든 회원국에게 구속력이 있다. 이를 통해 통합비료관리와 다양한 작물 돌려짓기, 그리고 다른 기후 관련 조치들이 지원을 받게 된다. 하지만 유럽연합 농업이 탄소배출을 얼마나 줄여야 하는지와 같은 구체 목표는 한 번도 공식화된 적이 없다. 개혁에 관한 논의 과정에서 먹거리 생산은 무엇보다 중요하다.

토양에 더 많은 탄소를 고정할 수 있다면 식량안보와 기후 목표는 조화를 이룰 수 있다. 이것은 2015년 프랑스에서 시작된 '4퍼밀(4 per 1000) 이니셔티브'의 목표이기도 하다. 이는 토양에 유기적으로 결합해 있는 탄소 함량을 해마다 0.4퍼센트 늘릴 수 있다면 대기의 이산화탄소 증가량을 '0'으로 줄일 수 있다는 계산에 따른 활동이다. 수십 년, 또는 수백 년에 걸쳐 식물에서 나온 유기물질을 토양에 저장하면 대기 속 이산화탄소 함량 증가를 최소한으로 상쇄할 수 있다. (지구 토양은 탄소저장고다. 지구 대기에는 이산화탄소가 800기가 톤, 토양에는 2,500기가 톤이 있다. 토양 속 이산화탄소를 고정하는 것은 지구 온도 상승을 막는 것과 직결돼 있다. 4퍼밀 운동에 현재 30개 나라가 서명했다.* 편집자주)

이는 토양 침식을 막는 피복 작물을 심고, 뿌리 깊은 식물을 재배하며, 분뇨, 건초를 비롯해 유기 퇴비를 사용하면 달성할 수 있다. 이론으로는 이미 공동농업정책이 농민에게 지금이라도 토양의 탄소 함량을 보존하고 가능한 최대로 높일 것을 독려하고 있다. 하지만 토양의 탄소 손실을 최소화하기 위한 대차대조표나 보고서, 또는 실제 조치는 이뤄지지 않고 있다.

공동농업정책은 충분한 식품 생산을 자극해야 할 뿐 아니라

불공평한 피해
유럽연합 농업에서 예상되는 기후변화의 결과

해수면과 호수면의 상승, 더 잦은 태풍과 홍수, 더 뜨겁고 건조해진 여름, 더 길어진 작물 재배 기간, 더 다양한 곡물, 더 많은 병충해

더 잦은 겨울비와 홍수, 해수면 상승, 더 뜨겁고 건조해진 여름, 더 높은 수확량, 더 길어진 작물 재배 기간

더 잦은 겨울비와 홍수, 더 드문 여름비, 높아진 가뭄의 위험, 더 강해진 토양 침식의 위협, 더 길어진 작물 재배 기간

높아지는 기온, 더 줄어든 강수량, 높아진 가뭄 위험, 더 많은 고온, 수확량 감소, 경작 면적의 감소

남유럽 농촌 지역은 기후변화로 심각한 위협을 받고 있지만 다른 지역에서는 이익을 얻는 것처럼 보인다. 연대가 필요하다

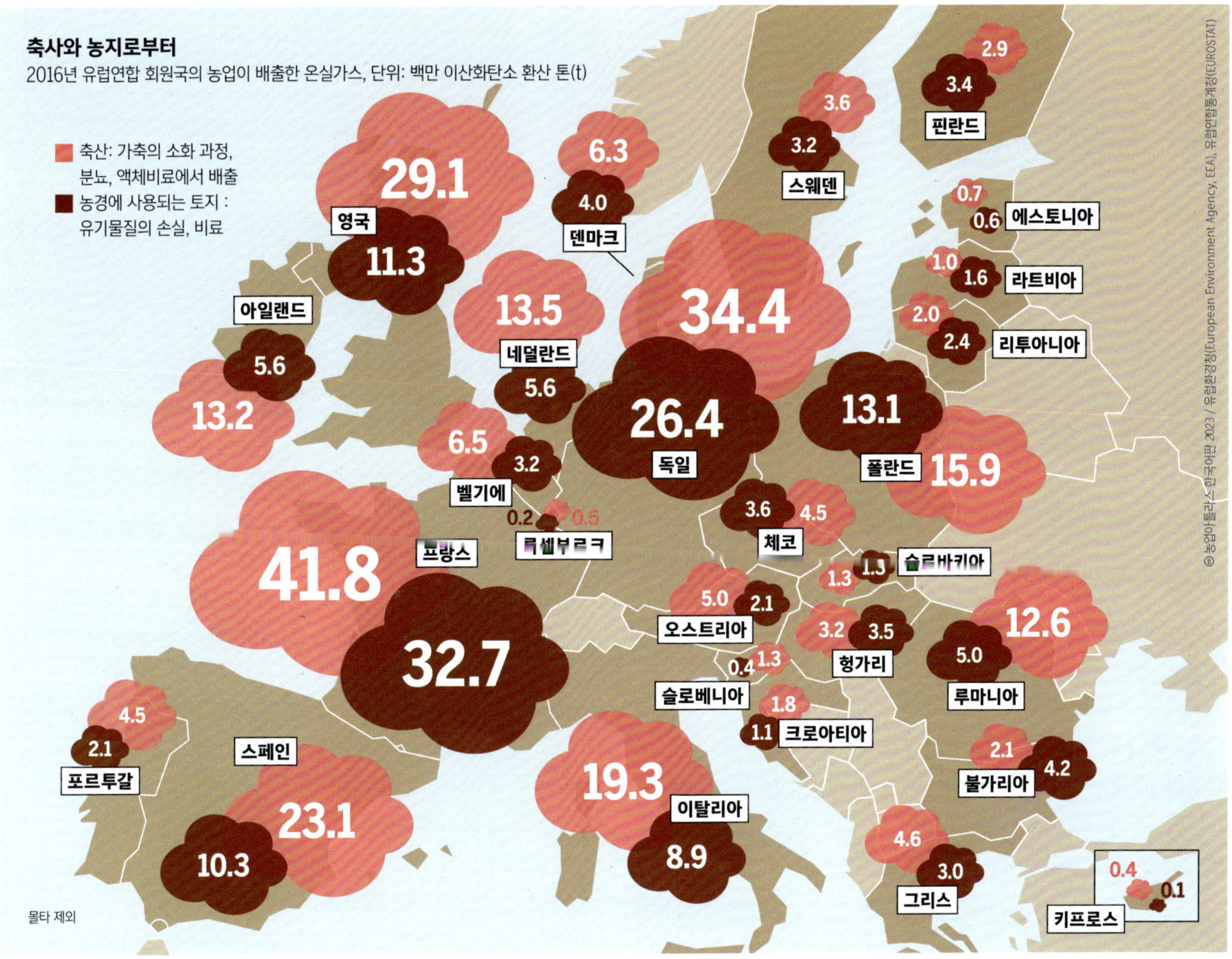

축사와 농지로부터
2016년 유럽연합 회원국의 농업이 배출한 온실가스, 단위: 백만 이산화탄소 환산 톤(t)
축산: 가축의 소화 과정, 분뇨, 액체비료에서 배출
농경에 사용되는 토지 : 유기물질의 손실, 비료
29.1
영국
11.3
6.3
4.0
덴마크
3.6
3.2
스웨덴
2.9
3.4
핀란드
0.7
0.6
에스토니아
1.0
1.6
라트비아
2.0
2.4
리투아니아
아일랜드
5.6
13.2
13.5
네덜란드
5.6
34.4
26.4
독일
13.1
폴란드
15.9
6.5
3.2
벨기에
0.2
0.5
룩셈부르크
3.6
4.5
체코
41.8
프랑스
32.7
1.3
1.3
슬로바키아
5.0
2.1
오스트리아
3.2
3.5
헝가리
12.6
5.0
루마니아
0.4
1.3
슬로베니아
1.8
1.1
크로아티아
4.5
2.1
포르투갈
스페인
23.1
10.3
19.3
이탈리아
8.9
2.1
4.2
불가리아
4.6
3.0
그리스
0.4
0.1
키프로스
몰타 제외
© 농업아틀라스 한국어판 2023 / 유럽환경청(European Environment Agency, EEA), 유럽연합통계청(EUROSTAT)

프랑스와 독일 농업경영체들은 유럽연합 농업의 높은 온실가스 배출량에 책임이 크다. 두 나라가 3분의 1을 배출한다

토양을 더욱 비옥하게 하고 이를 통해 토양의 유기질 함량을 높여야 한다. 지금까지는 유럽연합 여러 지역의 토양에 탄소가 부족한 상태이다. 공동농업정책 규정은 유럽연합의 토질 보호법 입안에 방향을 맞춰야 하며, 유기질이 척박한 땅에 다시 축적하는 방안을 고려해야 한다. 정책과 법안은 지속가능한 생산 방법을 지원하고 경작을 다각화하는 과제를 갖고 있다. 생태계와 생물다양성을 보호하는 더 좋은 경작 방법은 농업이 극단의 기후변화에 더 잘 대응할 수 있게 한다.

토양은 특히 비료와 농약 사용을 줄이고 식물로 계속 덮여 있을 때 보호될 수 있다. 이런 방식을 통해 토양이 침식될 위험과 이에 따른 유기물질의 손실 위험이 줄어든다. 피복작물 재배와 사이짓기는 생태적으로 우선순위가 아니라 의무화해야 한다. 이는 일시 휴경이나 녹지를 사이짓기에 포함해야 하는 것과 마찬가지다. 임업과 농업, 혹은 임업과 축산을 결합한 혼농임업(Agroforestry) 체계나, 장기초지(5년 넘는 초지) 유지, 그리고 화학비료를 사용하는 대신 콩과 식물을 심는 것도 대안이다.

다른 경제 부문이 유럽연합 농업 부문보다 더 빠르게 탄소배출량을 줄이는 사이, 농업의 탄소배출비율 비중은 거의 10퍼센트가 됐다

축산과 경작은 종종 분리된다. 하지만 일부 농장은 농작물 일부를 가축에게 먹이고 가축 분뇨를 농지 비료로 쓰는 방식으로 축산과 농작물 생산을 결합한다. 공동농업정책은 축산과 경작을 다시 연결하기 위해 이런 농가를 지원해야 한다. ●

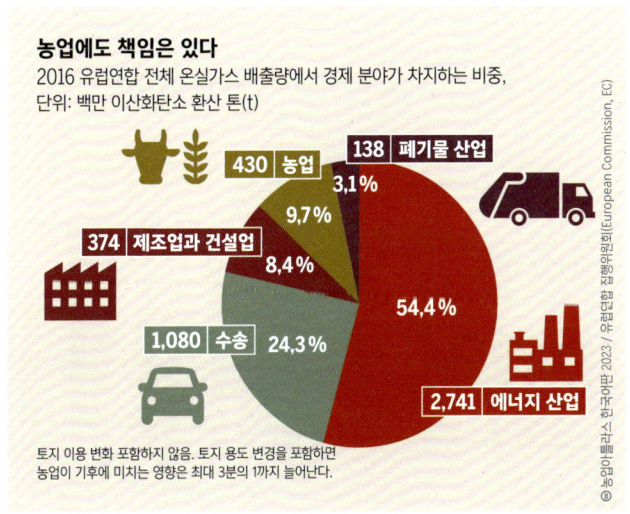

농업에도 책임은 있다
2016 유럽연합 전체 온실가스 배출량에서 경제 분야가 차지하는 비중, 단위: 백만 이산화탄소 환산 톤(t)
430 농업
9,7%
138 폐기물 산업
3,1%
374 제조업과 건설업
8,4%
1,080 수송
24,3%
54,4%
2,741 에너지 산업
토지 이용 변화 포함하지 않음. 토지 용도 변경을 포함하면 농업이 기후에 미치는 영향은 최대 3분의 1까지 늘어난다.
© 농업아틀라스 한국어판 2023 / 유럽연합 집행위원회(European Commission, EC)

세계 무역
성장의 이면

**유럽연합의 농업은 국제 가치 사슬에 연결돼 있다.
세계 농업 시장에 영향을 미치며, 저개발 국가들의
가격, 생산, 소득과 영양에도 영향을 준다.**

1980년대부터 유럽연합 공동농업정책(CAP)은 농산물 수출을 위한 별도의 보조금을 지급해 비판 받았다. 이런 예산 사용은 세계 시장 가격의 붕괴에 일조했으며, 농민들을 지역 시장에서 밀어냈다. 1990년대에는 경작지 면적 보조금, 농지 1헥타르마다 지급하는 보조금이 공동농업정책의 가장 중요한 정책이었다. 무엇을 어떻게 생산하는지에 관계없이 면적에 따라 보조금을 지급했다. 2015년 세계무역기구(WTO) 결정에 따라 수출 보조금은 줄어들고 세계에서 금지됐다.

농지 면적 보조금이 개발도상국 정책에 어떤 악영향을 미치는지 여부는 논쟁 여지가 있다. 대다수 농업경제학자는 보조금이 생산에 거의 영향을 미치지 않기 때문에 국제 영향 또한 매우 작을 것으로 가정한다. 그렇지만 농지 면적 보조금이 없다면 일부 분야에서 생산과 수출이 크게 변할 것이라는 연구가 있다.

2012년 노르웨이 농업경제연구소와 독일 본 대학이 진행한 연구는 농지 면적 보조금이 없다면 유럽연합 순 수출이 밀 20퍼센트, 돼지고기 16퍼센트, 심지어 가금류는 75퍼센트 감소한다는 결론에 도달했다. 왜냐하면 농지 보조금이 없다면 곡물 가격이 더 높아지고, 이에 따라 가축 사료 가격 또한 높아지기 때문이다. 이 연구자들은 이런 변화를 사소한 것으로 평가했다. 반면 시민사회단체들은 세계 시장에서 유럽연합 수출이 크게 줄어드는 것이 중요하다고 본다.

수년 동안 지속되던 유럽연합의 농업 무역 수지 적자는 사라졌다. 2007년부터는 유럽연합이 농산물 수출로 벌어들이는 돈이 수입에 지출하는 돈보다 많아졌다. 결국 한 해 200억 유로 흑자를 기록하기에 이르렀다. 특히 밀, 돼지고기, 우유 수출이 늘었다. 수출은 전체 생산 증가를 자극했다.

아프리카 대륙은 많은 농산물의 주요 판매 시장이다. 자체 생산에 한계가 있는 북아프리카에서만 2018년과 2019년 유럽연합 밀 수출 약 40퍼센트를 차지하고, 사하라 남쪽 국가들에서도 4분의 1 넘게 판매됐다. 사하라 남쪽에서는 소수 지역에서만 밀이 경작될 뿐이다. 하지만 이 지역에 수출된 밀은 현지에 적응한 식용작물인 기장, 카사바, 얌과 경쟁하며 이 지역 식생활에 영향을 주고 있다.

가금육 경우 2017년 유럽연합 전체 수출 가운데 약 43퍼센트가 아프리카 사하라 남쪽, 대체로 서아프리카로 수출했다. (서아프리카에 속하는 나라는 나이지리아, 카보베르데, 모리타니, 세네갈, 감비아, 말리, 니제르, 기니, 기니비사우, 시에라리온, 라이베리아, 코트디부아르, 부르키나파소, 토고, 가나, 베냉이다.* 편집자 주) 유럽연합에서 일괄 농지 면적 보조금이 사라져 앞에 소개한 연구처럼 수출이 줄어든다면, 이 분야의 공급 과잉은 줄어들 것이고, 그러면 많은 아프리카의 시장에서 가격이 상승할 것이다. 이것은 다시금 지역 투자를 위한 자극이 될 것이다. 왜냐하면 아직 이 지역의 생산성이 매우 낮기 때문이다.

유럽연합의 수출 '성공'의 원인이 보조금 때문만은 아니다. 수년 동안 유럽연합은 농업 생산성을 높이는 것을 분명한 목표로 내세웠다. 유럽연합에서 판매가 정체되고 있기 때문에 생산 증가는 수출의 증가를 통해서만 달성할 수 있다. 한편으로는 점점 더 커지는 축사 지원금이, 다른 한편에서는 환경과 동물보호 규제법의 부재가 생산량을 크게 늘리고, 생산자 가격은 낮추고 있다.

우유를 보면 무엇을 해서는 안 되는지를 알 수 있다. 1980년

값싼 원자재를 수입하고 비싼 식품을 수출한다. 생산 과정에서 만들어지는 부가가치는 주로 유럽연합에서 발생한다

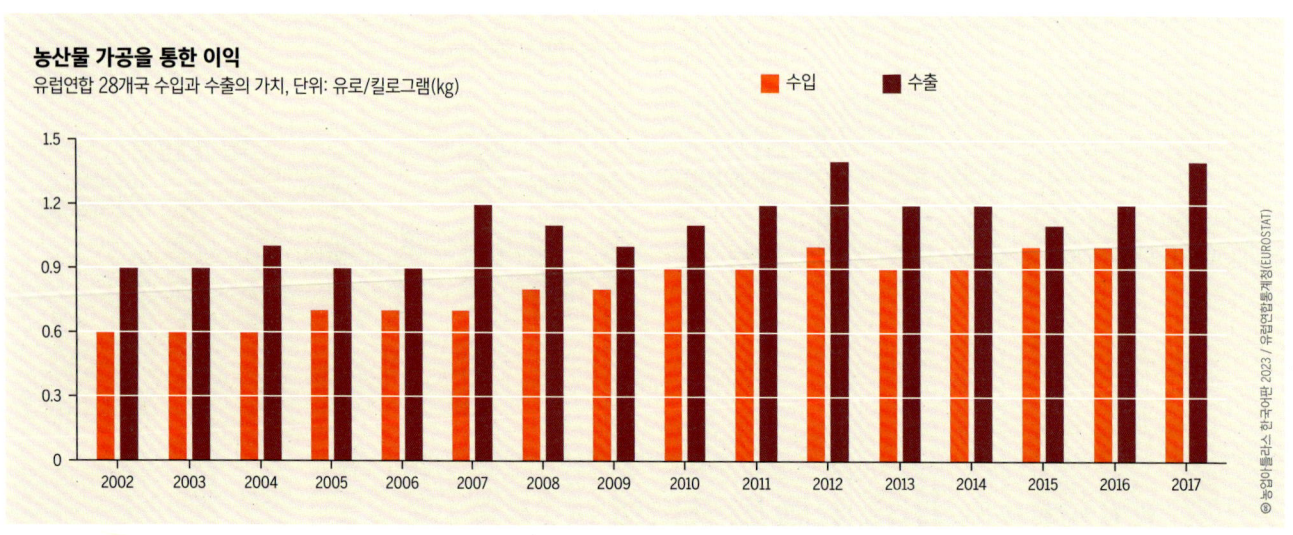

농산물 가공을 통한 이익
유럽연합 28개국 수입과 수출의 가치, 단위: 유로/킬로그램(kg)

문제, 과제, 잠재력
유엔의 지속가능발전 목표, 부정 영향을 포함하는 유럽연합의 농업정책, 이 둘을 일치시키기 위한 계획

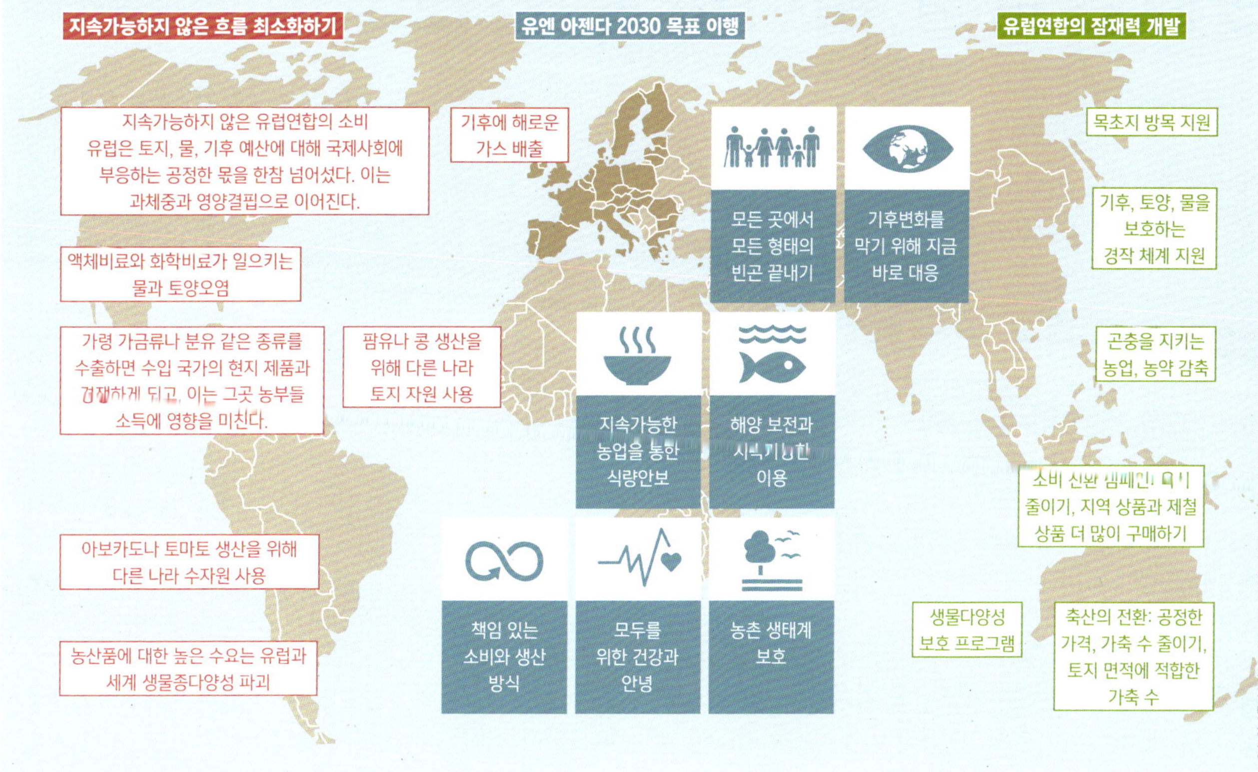

지속가능하지 않은 흐름 최소화하기
- 지속가능하지 않은 유럽연합의 소비: 유럽은 토지, 물, 기후 예산에 대해 국제사회에 부응하는 공정한 몫을 한참 넘어섰다. 이는 과체중과 영양결핍으로 이어진다.
- 액체비료와 화학비료가 일으키는 물과 토양오염
- 가령 가금류나 분유 같은 종류를 수출하면 수입 국가의 현지 제품과 경쟁하게 되고, 이는 그곳 농부들 소득에 영향을 미친다.
- 팜유나 콩 생산을 위해 다른 나라 토지 자원 사용
- 기후에 해로운 가스 배출
- 아보카도나 토마토 생산을 위해 다른 나라 수자원 사용
- 농산품에 대한 높은 수요는 유럽과 세계 생물종다양성 파괴

유엔 아젠다 2030 목표 이행
- 모든 곳에서 모든 형태의 빈곤 끝내기
- 기후변화를 막기 위해 지금 바로 대응
- 지속가능한 농업을 통한 식량안보
- 해양 보전과 지속가능한 이용
- 책임 있는 소비와 생산 방식
- 모두를 위한 건강과 안녕
- 농촌 생태계 보호

유럽연합의 잠재력 개발
- 목초지 방목 지원
- 기후, 토양, 물을 보호하는 경작 체계 지원
- 곤충을 지키는 농업, 농약 감축
- 소비 신빙성 캠페인 육식 줄이기, 지역 상품과 제철 상품 더 많이 구매하기
- 생물다양성 보호 프로그램
- 축산의 전환: 공정한 가격, 가축 수 줄이기, 토지 면적에 적합한 가축 수

대 도입된 우유 생산 상한선이 2015년 폐지되면서 유럽연합 우유 생산 정책은 자유화됐다. 그 뒤 유럽연합 낙농업은 더 많은 양을 세계 시장에 수출할 수 있게 됐다.

그렇지만 이러한 수출 증가로 세계 시장 가격이 폭락하자 많은 유럽연합 낙농가가 생산을 포기해야 하는 상황에 놓였다. 국가는 긴급 대출로 낙농가를 지원했다. 반면 거대 낙농기업들은 낙농가에게 가격 하락을 떠넘겼다.

유럽연합은 수출 보조금으로 개발도상국에 특히 피해를 주는 제도를 폐지했다. 하지만 유럽연합의 농업정책이 아무 문제가 없는 것은 아니다. 문제는 반대편에도 있다.

유럽연합으로 들어오는 농산물 수입 또한 문제다. 수입 농산물은 여전히 전통 농업 원료와 팜유, 대두, 카카오, 커피, 바나나, 목화같이 과거 식민지에서 생산한 제품이 주를 이룬다. 경작지 이용과 분배에 대한 분쟁이나, 삼림 벌채, 물 소비, 농약 사용이 먹거리와 건강, 인권, 국제 정의, 지속가능성에 부정적인 영향을 미치고 있다.

콩은 유럽연합에서 가축 사료로 사용한다. 공동농업정책의 정책 수단들이 돼지고기와 닭고기를 더 많이 생산하게 했고, 이는 다시 라틴아메리카의 거대 플랜테이션 농장에서 재배하고 있는 콩에 대한 수요를 증가시켰다. 지금은 콩이 재배되는 거대 플랜테이션이 과거에는 숲과 목초지였다.

우선 유럽연합은 현재 농지 면적 보조금으로 지출하는 약 400억 유로 예산을 유럽연합의 농업과 먹거리 체계를 다시 생태적이며 세계 정의에 걸맞게 재구성하는 데 사용해야 한다. 그러고 나서야 유럽연합은 지속가능한 발전이라는 세계 목표에 기여할 수 있을 것이다. ●

> 유럽연합 공동농업정책은 유엔 2030년 지속가능발전 목표를 달성하는 데 기여할 수 있지만 더 어렵게 만들 수도 있다

> 북반구 국가의 소수 기업들이 수십억 달러 규모의 농약 시장을 나눠 가진다

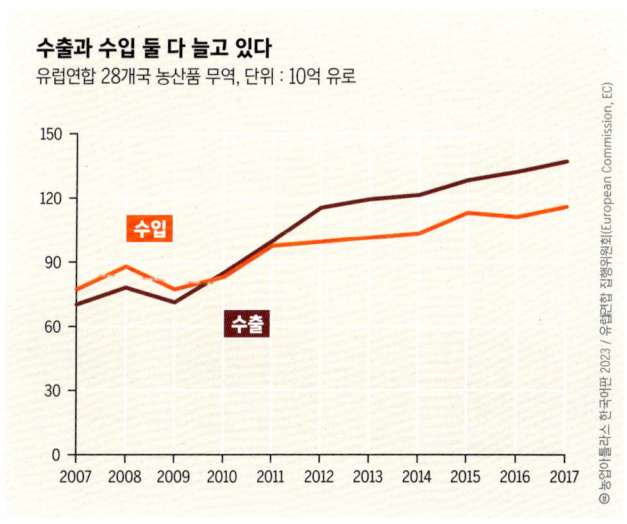

수출과 수입 둘 다 늘고 있다
유럽연합 28개국 농산품 무역, 단위: 10억 유로

한국
농업정책의 패러다임 전환

한국 농업의 위기는 지난 30년 개방농정과 세계 먹거리체제로 급속한 편입을 추진해 온 농업정책의 실패에서 비롯된다. 반면 농민과 시민사회가 펼쳐온 소농, 로컬푸드, 친환경, 도농공생 흐름도 커지고 있다

한국 농업에 미래가 있는가? 나라안팎으로 기후위기, 먹거리위기, 지역소멸위기에 둘러싸여 있다. 한국의 곡물자급률은 2021년 20.9퍼센트다. 유전자조작 식품 수입량도 1인당 215.4킬로그램으로 세계 최상위다. 환경 부담도 심각하다. 농약 사용량은 2021년 1헥타르마다 11.8킬로그램, 화학비료는 286킬로그램으로 경제협력개발기구(OECD) 최상위권에 속한다. 농지문제도 악화됐다. 농지는 2022년 152.8만 헥타르로 국민 1인당 89.7평이며 이는 세계 최하위다. 2000년부터 2021년 사이 해마다 17,100헥타르씩 감소한 셈이다. 아울러 영농 주체의 고령화와 단절이라는 위기에 놓여 있다. 2022년 65세 넘는 농민은 63.2퍼센트, 40세 아래는 0.7퍼센트다. 친환경 농업은 농지 4.6퍼센트에 그친다. 이 모든 수치들은 한국 농업정책의 실패를 말해준다.

특히 식량 절대 수입국인 한국이 국제 식량 위기에 취약하게 된 것은 국내 자급력 강화보다는 수입 의존도만 높여왔기 때문이다. 자급 기반인 농지 보전 실패, 농업생산력 주체인 농가, 특히 청년 농민 보호와 육성 실패, 기후변화와 자연재해에 미흡한 선제 대응 정책의 실패 탓이 크다. 농지문제의 악화는 농지를 다른 용도로 무분별하게 개발하는 전용 확대, 농지의 비농업인 상속과 증여 방치, 개발이익을 추구하는 비농업인의 탈법, 편법 농지 소유 근절에 실패한 결과다.

한국 농업정책은 주로 기업농, 작지만 경쟁력을 가진 강소농, 수출농업, 스마트팜을 앞세워 추진하고 있다. 이는 1980년대부터 국가가 추진해온 경쟁력 강화를 중심에 둔 생산주의 농정이다. 다른 한편에선 농민과 시민사회가 추진해 온 가족농, 로컬푸드, 친환경농업, 도농공생을 지향하는 다기능 농정 흐름도 있다. 특히 로컬푸드 직매장이 2021년 778개로 빠르게 성장했다. 로컬푸드 운동은 지역 먹거리의 지역 선순환체계를 구축하고 지역 중소농과 고령농, 여성농, 귀농인을 아울렀다. 지역 농민과 시민사회의 노력이 있어 가능한 일이었다.

한국 농업은 1990년대 우루과이라운드(UR)와 세계무역기구(WTO)체제를 기점으로 신자유주의 세계 먹거리체제에 급속히 편입됐다. 초국적 먹거리 자본과 국내 자본, 이를 뒷받침하는 국가정책이 지배해 왔다. 그전까지는 국가가 이른바 녹색혁명(화학비료, 농약, 사료, 종자 일반화의 증산제일주의), 산출과 투입 상품화, 농업과 농민의 시장 편입 가속화를 강력히 추진했다. 지금까지도 개방농정 중심 틀을 유지하고 있다. 하지만 식량수출국이나 선진국이 오히려 보호무역을 강화하고 식량안보를 위해 자국 농업에 특별 지원 정책을 추진해온 국제 현실을 직시해야 한다.

지난 30여 년을 보면 한국의 구조개선 농정은 실패했다. 전체 농가 수 감소를 감안해도 대농 중심의 규모화와 기업농화 지표인 경지 규모 3~10헥타르 농가, 10헥타르 넘는 농가 비중은 정체돼 있다. 앞으로는 가족농과 중소농 사이 협동화, 조직화를 바

자급의 기반, 농지는 지난 20년 해마다 17,100헥타르씩 줄어 2022년 152.8만 헥타르, 국민 한 사람마다 89.7평으로 세계 최하위를 기록했다

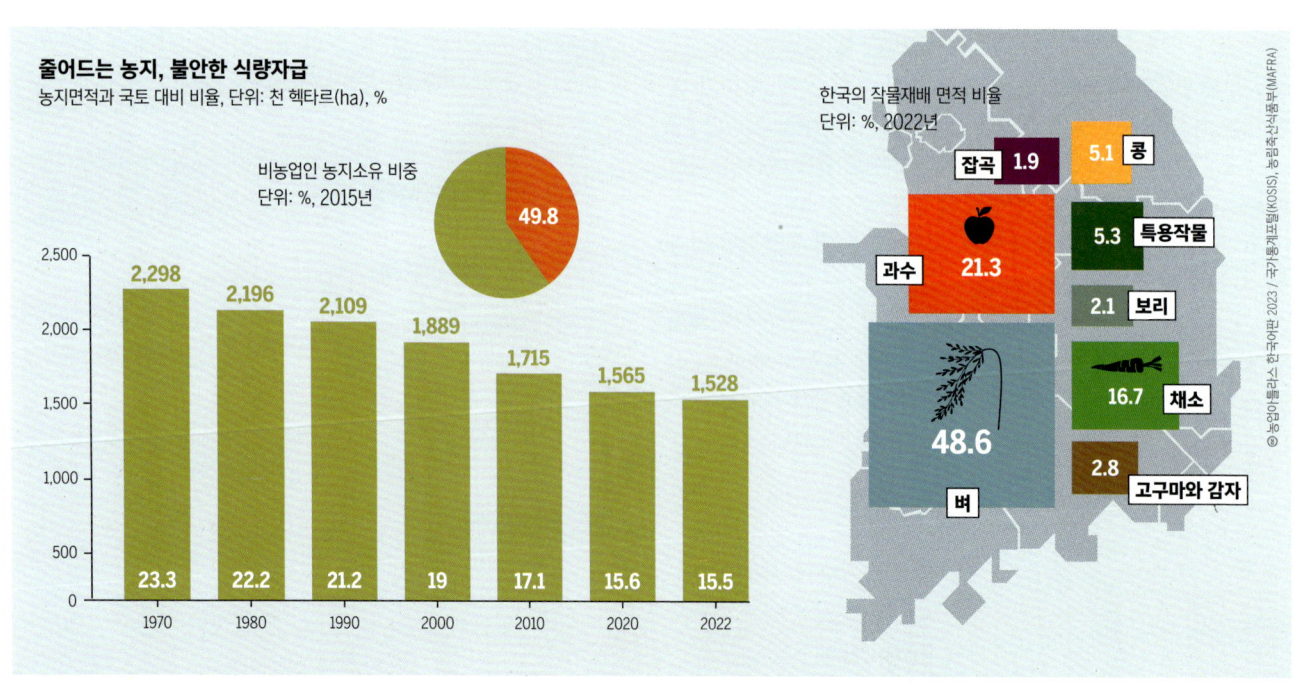

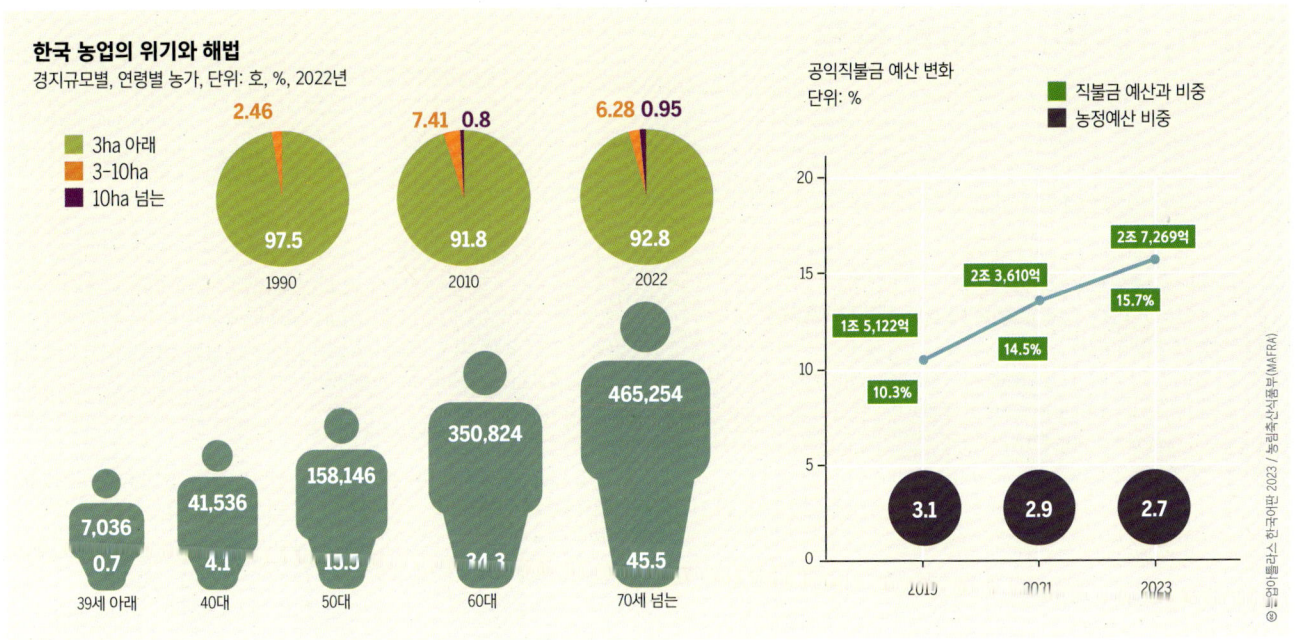

한국 농정예산은 정부 예산의 3퍼센트에도 못 미친다.
직불금 비중은 농정예산의 70퍼센트인
유럽연합에 비해 한국은 15퍼센트에 그친다

탕으로 규모화를 추구하는 것이 과제다.

오늘 한국 농정은 먹거리 기본권 위기를 심화하고 있다. 유엔은 '사람은 누구나 건강하고 안정되고 안전한 먹거리를 보장받을 권리가 있다'는 먹을 권리(right to food)를 기본권으로 정해 나라별 먹거리 기본권 보장정책을 권고해 왔다. 이는 기후위기와 코로나 팬데믹을 겪으며 식량의 안정된 생산이 위협받고, 보호무역 득세로 식량무기화가 우려되는 상황에서 더욱 더 국제 공통의제가 되고 있다. 특히 한국은 주식인 쌀 자급률이 2021년 84.6퍼센트로 떨어졌고, 제2 주식인 밀 자급률은 0.7퍼센트에 불과하다. 에너지 섭취 기준량의 75퍼센트 아래인 영양섭취 부족 국민이 2016년 12.6퍼센트에서 2020년 16.6퍼센트로 악화됐다.

한국 농업과 농촌을 위협하는 현실을 해결하려면 정책의 우선순위를 바꿔야만 한다. 국민과 함께하고 자연과 상생하는 다기능 농정으로 근본 전환하는 것이 해결점이다. 첫째 공익직불제를 대폭 확대하고, 농정예산을 전체 국가예산 증가율 수준으로 정상화해야 한다. 한국은 2020년부터 기존 직불제의 한계를 보완하고 중소농과 농업·농촌의 공익 기능 증진을 위해 '공익직불법'을 제정하고 공익직불제를 도입했다. 기본 지불은 면적과 단가 구간에 따라 헥타르마다 차등 지급하는 면적직불금, 0.5헥타르 아래 소농에게 연간 120만 원씩 일괄 지급하는 소농직불금이 있다. 선택 직불은 공익 기능 증진을 위한 것으로, 친환경농업, 친환경축산, 경관보전, 전략작물로 구성된다. 농정예산에서 직불금 비중은 70퍼센트인 유럽연합에 비해 15퍼센트 대에 머문다. 농정예산이 국가 예산의 3퍼센트에도 못 미치는 현실에서 앞으로 농정 예산을 5퍼센트 넘게 증가시키거나 전체 국가예산 증가율 보다 더 늘리는 정책이 중요하다. 둘째, 먹거리기본법 제정을 서둘

러야 한다. 최근 시민사회가 먹거리기본법 제정운동을 펼치고 있고, 국회에 '먹거리기본법' 제정안이 발의돼 있다. 법안은 국내 자급력 강화와 식량주권 확보, 친환경·로컬푸드 공공급식 전면화, 취약계층 먹거리 돌봄을 포함한다. 국민 먹거리기본권 보장은 국가와 지자체의 기본 책무라는 사실과 함께 먹거리전략의 통합 기본방침과 수립 원칙을 명시한다. 아울러 정부, 지자체, 기관, 시민사회까지 관련 주체들의 실행 기준을 규정하고 있다. 셋째, 지속가능한 농업 실현이다. 특히 농지 문제를 해결해야 한다. 농민만이 농지를 소유하고 이용하며, 농지 전용을 억제하는 적정 농지 총량 보전제를 추진해야 한다. 넷째, 농촌 주민에게 '국토·환경·문화·지역 지킴이 수당'으로 '농촌주민수당'을 지급해야 한다. 지역 소멸위기의 바탕은 농촌위기이며, 이는 곧 국가 지속가능의 위기를 뜻한다. 다섯째, 농촌 주민의 행복권을 보장해야 한다. 농촌에 기본 사회 서비스를 제공하고 지역이 삶터, 일터, 쉼터로 역할을 할 수 있게 해야 한다. 여섯째, 농촌 주민 스스로 농업과 농촌의 다원적 기능을 높이고, 지역 운명을 결정하고 책임지도록 해야 한다. 무엇보다 지역의 사회적 자본을 확대하고, 농촌에 다양한 협동조합과 사회적 경제를 육성하며, 자치분권과 민관협치를 실현해야 한다. ●

지역 농민과 시민사회가 추진해 온 로컬푸드 운동은
지역 중소농과 고령농, 여성농, 귀농인을 아우르며
지역 먹거리의 지역 선순환체계를 만들고 있다

글쓴이, 데이터, 그래픽 출처

12–13 역사: 새로운 목표 낡은 생각
글쓴이 : 크리스티네 켐니츠(Christine Chemnitz), 크리스티안 레머(Christian Rehmer)
12쪽 : 유럽연합 집행위원회(European Commission), Overview of CAP Reform 2014-2020, 4쪽, https://bit.ly/2BJztPs. 위키피디아(Wikipedia): Karte EU-Erweiterungen, https://bit.ly/2UAxbMe 13쪽 : 유럽연합 집행위원회(European Commission), CAP context indicators 2014-2020, 17. Agricultural holdings, https://bit.ly/2C0P0wB, 18. Agricultural area, https://bit.ly/2rs8jsx

14–15 순기여국: 1,300억 유로 특별대우
글쓴이 : 디트마르 바르츠(Dietmar Bartz)
14쪽 : 유럽의회(European Parliament), The UK 'rebate' on the EU budget. Briefing, 2016.02, https://bit.ly/2PteWVg. 앨런 매튜(Alan Matthews), Impact of Brexit on the EU budget, https://bit.ly/2EmSQ5r. 영국재무성(HM Treasury), European Finances 2017, 2018.03, https://bit.ly/2rsq7Uk 15쪽 : 독일연방정치교육원(Bundeszentrale für politische Bildung), Zahlen und Fakten Europa, Nettozahler und Nettoempfänger in der EU, https://bit.ly/2Uoyz4i

16–17 직불금: 작은 성과 큰 혜택
글쓴이 : 앨런 매튜(Alan Matthews)
16쪽 : 유럽연합 집행위원회(European Commission), Direct payments, 2018.02.28, 9쪽, https://bit.ly/2PuRZ3U. 17쪽 위 : 유럽연합 집행위원회(European Commission), EU Budget: the Common Agricultural Policy beyond 2020, 2018.06.01, https://bit.ly/2PweCEY 17쪽 아래 : 유럽연합 집행위원회(European Commission), Voluntary coupled support, review, as of 2017, https://bit.ly/2ndG9Qy. 네덜란드환경영향평가청(Netherlands Environmental Assessment Agency, PBL), Cities in Europe, 2016, 12쪽, https://bit.ly/2PtRebp

18–19 농촌: 잘못된 절약
글쓴이 : 헬레네 슐체(Helene Schulze), 올리버 무어(Oliver Moore), 한스 마틴 로렌첸(Hans Martin Lorenzen)
18쪽 : 유럽연합 집행위원회(European Commission), Degree of urbanisation for local administrative units level 2, 2016, https://bit.ly/2Elc7UZ. 유럽연합통계국(Eurostat), Statistics on rural areas in the EU, 2017.02, https://bit.ly/2PvwIqZ 19쪽 : 유럽연합 집행위원회(European Commission), The CAP towards 2020, 2018, https://bit.ly/2BZtc4D. IEG Policy, Reform of the Common Agricultural Policy, 2018, https://bit.ly/2SANmXR. European Parliamentary Research Service Blog, Breakdown By Member State of EU Support For Rural Development 2014-2020 (...), 2016, https://bit.ly/2E9490k

20–21 농장 폐쇄: 성장하거나 사라지거나
글쓴이 : 스탄카 베체바(Stanka Becheva), 베로니카 리오폴(Véronique Rioufol)
20쪽 : 유럽연합 집행위원회(European Commission), Statistical Factsheet European Union, 2018.05, 21쪽, https://bit.ly/2ioSLRL

21쪽 위 : 유럽연합통계국(Eurostat), Small and large farms in the EU – statistics from the farm structure survey, 2017, figure 4, https://bit.ly/2C0hzKM 21쪽 아래 : 유럽연합 집행위원회, Statistical Factsheet European Union, 2018.05, 21쪽, https://bit.ly/2ioSLRL

22–23 독일의 농업구조 변화: 압박 받는 소규모 농가들
글쓴이 : 율리아 크리스티아네 슈미트(Julia Christiane Schmid), 아스트리드 헤게르(Astrid Häger)
22쪽 : 독일통계청(Destatis), Betriebsgrößenstruktur landwirtschaftlicher Betriebe nach Bundesländern, https://bit.ly/2gohq8N 23쪽 : 하인리히 뵐 재단(Heinrich-Böll-Stiftung), Berlin

24–25 노동: 소득과 생계
글쓴이 : 오렐리 트루베(Aurélie Trouvé)
24쪽 : 유럽연합통계국(Eurostat), Small and large farms in the EU – statistics from the farm structure survey, 2017, figure 5, https://bit.ly/2C0hzKM 25쪽 위 : 유럽연합 집행위원회(European Commission), Farm Economy Focus, 2018, https://bit.ly/2PrAGkb 25쪽 아래 : 유럽연합 집행위원회, Statistical Factsheet European Union, 2018.05, p. 13, p. 15, https://bit.ly/2ioSLRL

26–27 농지 가격: 자본의 비정상 발전
글쓴이 : 브린디사 비르할라(Brîndușa Bîrhală)
26쪽 : 독일통계청(Destatis), Betriebsgrößenstruktur landwirtschaftlicher Betriebe nach Bundesländern, https://bit.ly/2gohq8N. 체코통계청(Statistická ročenka České republiky, ČSÚ) 2017, Zemědělství, Nr. 13-32, https://bit.ly/2SCC7y5 27쪽 : 유럽연합통계국(Eurostat), Agricultural land prices by region, Code: apri_lprc, https://bit.ly/2B5hSSD

28–29 유럽연합의 생물다양성: 위협받는 야생과 생물다양성
글쓴이 : 해리엇 브래들리(Harriet Bradley)
28쪽 : 유럽환경청(European Environment Agency, EEA), Projected change in Bumblebee climatically suitable areas, 2016, https://bit.ly/2EdTUaS. 29쪽 위 : 유럽연합통계국(Eurostat), Common bird index, Code: t2020_re130, https://bit.ly/2SATGi3. 유럽환경청, Technical report No 2/2015, 23쪽, https://bit.ly/2BP3j9g 29쪽 아래 : 유럽연합 집행위원회(Europäische Kommission), Bericht [über Ökologisierungszahlungen], COM(2017) 152 final, 2017.3.29., https://bit.ly/2zP7HSx

30–31 독일의 생물다양성: 잃어가는 생물다양성
글쓴이 : 헨리케 폰 데어 데켄(Henrike von der Decken)
30쪽 : 독일연방자연보전청(Bundesamt für Naturschutz, BFN), Agrar-Report 2017, 37쪽, https://bit.ly/2EkTiBn 31쪽 위 : 위와 같은 자료 14쪽 31쪽 아래 : 위와 같은 자료 11쪽. 독일통계청(Destatis), Nachhaltige Entwicklung in Deutschland, Indikatorenbericht 2016, 100쪽, https://bit.ly/1o3KXOH

32–33 살충제: 농약을 줄이는 새로운 방법
글쓴이 : 라스 노이마이스터(Lars Neumeister)
32쪽 : 아이알이에스(Institut de Recherche & d'Expertise Scientifique, IRES), Pesticides found in Hair samples. ANALYSIS REPORT 180907-02, 2018, https://bit.ly/2PtpT9k 33쪽 위 : 유럽연합통계국(Eurostat), Agri-environmental indicator – consumption of pesticides, Code: aei_fm_salpest09, https://bit.ly/2EbtgPX 33쪽 아래 : 유럽환경청(European Environmental Agency, EEA), Pesticide sales, 2018, https://bit.ly/2PqVggF 농약행동네트워크유럽(PAN Europe), Pesticide Use in Europe, https://bit.ly/2Ec2DKH

34–35 유럽연합의 가축 사육: 전환을 위한 비용
글쓴이 : 하랄드 그레테(Harald Grethe)
34쪽 : 유로바로미터(Special Eurobarometer 442), 보고서. Attitudes of Europeans towards Animal Welfare, 2016, 10쪽, https://bit.ly/2Qo3L5e. 유럽연합통계국(Eurostat), Agricultural production – animals, Code: apro_mt_ls, https://bit.ly/2zT3jSi 35쪽 : 유럽연합통계국(Eurostat), 위와 같은 자료

36–37 독일의 가축 사육: 희망과 현실
글쓴이 : 마티나 아이흐너(Martina Eichner), 제니 슐로써(Jenny Schlosser)
36쪽 : 분트(Bund für Umwelt und Naturschutz Deutschland, BUND), Webseite Massentierhaltung, https://bit.ly/2E7V8EO. 고기아틀라스 2018(Fleischatlas 2018), 15, 24, 32쪽, https://bit.ly/2AQmnhE 37쪽 위 : 독일연방식품농업부(Bundes- ministerium für Ernährung und Landwirtschaft, BMEL), Landwirtschaft verstehen, 2018, 17쪽, https://bit.ly/2woCy7d 37쪽 아래: 독일연방식품농업부(BMEL), Deutschland, wie es isst. Der BMEL-Ernährungsreport 2018, 24~25쪽, https://bit.ly/2Eaxc3A

38–39 비료: 경작지에서 물을 보호하려면
글쓴이 : 크리스티안 레머(Christian Rehmer), 카트린 벤츠(Katrin Wenz)
38쪽 : 유럽연합통계국(Eurostat), Consumption of inorganic fertilizers, code: aei_fm_usefert, https://bit.ly/2L8nZdx 39쪽 위 : 유럽연합 집행위원회(European Commission, EC), Report [concerning the protection of waters], SWD(2018) 246 final, Part 4/9, 42쪽, https://bit.ly/2Be6ZhF 39쪽 아래 : 유럽연합 집행위원회(EC), Water quality in the EU, https://bit.ly/2EbwqmN

40–41 유럽연합의 유기농업: 살아 움직이는 생태계
글쓴이 : 레베카 프릭(Rebekka Frick), 마티아스 슈톨체(Matthias Stolze), 헬가 빌러(Helga Willer)
40쪽 : 유기농업연구소(FIBL), 세계유기농업운동연맹(IFOAM), The world of organic agriculture, 2018, 243쪽, https://bit.ly/2NDcvj4 41쪽 위 : 유럽연합통계청(Eurostat), Organic crop area, code org_cropar, https://bit.ly/2zQpIzD. 41쪽 아래 : 유기농업연구소(FIBL), 세계유기농업운동연맹(IFOAM), 위와 같음. 233쪽, https://bit.ly/2NDcvj4

42–43 독일의 유기농업: 유기농 호황
글쓴이 : 조이스 뫼비우스(Joyce Moewius), 프리드헬름 폰 메링(Friedhelm von Mering)
42쪽 : 외코란트바우(Ökolandbau.de), Zahlen zum Ökolandbau in Deutschland, https://bit.ly/2QltlrD. 독일연방농업식품청(Bundesanstalt für Landwirtschaft und Ernährung, BLE)-Strukturdaten Ökologischer Landbau in Deutschland, 2017.12.31, https://bit.ly/2EnOQBE. 독일통계국(Destatis), Betriebsgrößenstruktur landwirtschaftlicher Betriebe nach Bundesländern, https://bit.ly/2SAnaN2 43쪽 위 : 농산시장정보(AMI)/소비여구회사(Gesellschaft für Konsumforschung, GFK), Zahlen und Fakten zum Ökolandbau, 2018.3.21, https://bit.ly/2rsIsAE 43쪽 아래 : 외코란트바우(Ökolandbau.de), Zahlen zum Ökolandbau in Deutschland, https://bit.ly/2QltlrD

44–45 건강: 책임을 묻다
글쓴이 : 니콜라이 푸쉬카레프(Nikolai Pushkarev)
44쪽 : 유럽공공보건연맹(European Public Health Alliance: EPHA), A CAP for Healthy living, 2016, 18쪽, https://bit.ly/2UtmXgm
45쪽 위 : 농업과 먹거리를 위한 생태계와 생물다양성의 경제학(TEEB for Agriculture & Food, TEEBAgriFood), 2018, 43쪽, https://bit.ly/2RL8kDy 45쪽 아래 : 유로바로미터 89(EUROBAROMETER 89), 2018, 12쪽, https://bit.ly/2sRPb8z

46–47 기후: 범인이자 희생자
글쓴이 : 코르넬리아 룸펠(Cornelia Rumpel), 아바드 차비(Abad Chabbi)
46쪽 : 유럽연합 집행위원회(European Commission, EC), Comunicación sobre el futuro de la PAC, Bild 15, https://bit.ly/2EpWxaG 47쪽 위, 아래 : 유럽연합통계청(Eurostat), 유럽환경청(European Environment Agency, EEA) Greenhouse gas emission by source sector, code: env_air_gge, https://bit.ly/2GkAJPJ, https://bit.ly/2EkIaob

48–49 세계 무역: 성장의 이면
글쓴이 : 토비아스 라이헤르트(Tobias Reichert), 베리트 톰슨(Berit Thomsen)
49쪽 : 유럽연합통계청(Eurostat), Value, weight and average price (…) in agricultural products, 2002-2017, code:DS-018995,https://bit.ly/2B7LBu3 49쪽 위 : 유엔(United Nations), Sustainable Development Goals, https://bit.ly/2MiKTxL. Eigene Darstellung
49쪽 아래 : 유럽연합 집행위원회(European Commission, EC), Agri-food trade statistical factsheet, 2018, 3쪽, https://bit.ly/2pGgfDJ

50–51 한국: 농업정책의 패러다임 전환
글쓴이 : 허헌중(Heo, Hun-Jung), 작은것이아름답다(SiB)
50쪽 : 농림축산식품부(MAFRA), 국가통계포털(KOSIS), https://kosis.kr/statHtml/statHtml.do?orgId=101&tblId=DT_1ET0040&conn_path=I3 51쪽 위 : 농림축산식품부, 농림축산식품통계연보 2022, https://lib.mafra.go.kr/Search/Detail/51710, 농림축산식품부 예산 및 기금운용계획 개요, 각년도, 51쪽 아래 : 농림축산식품부, 한국농식품유통공사

모든 인터넷 출처는 2018년 12월 검색 기준
한국 자료는 2023년 7월 검색 기준

하인리히 뵐 재단
HEINRICH-BÖLL-STIFTUNG

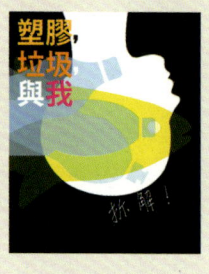

세계 녹색당 운동에 함께하는 비영리단체다. 베를린 본사와 세계 32개 지부가 있다. 2020년 아시아 지부를 홍콩에 열었다. 아시아는 세계가 진보하는데 중요한 곳으로 기술 혁신을 일으키고, 세계 경제와 환경 개발에 영향을 미치며, 협치 관련 쟁점들이 떠오르는 매우 역동성 있는 국가와 공동체들이 있는 지역이다. 홍콩 사무소는 아시아 지역에서 발전하고 있는 전환의 흐름에 대해 유럽과 아시아 사이 참여를 촉진하는 '아시아 글로벌 대화 프로그램(AGDP)'을 주관한다. 아울러 다양한 분야 이해관계자, 전문가, 학자들을 공통 관심사로 모으며, 사실에 기반한 교류와 연결망을 촉진하기 위해 연구와 분석, 출판을 지원한다. 재단은 2024년 초 서울에 한국 사무소를 개소할 예정이다.

www.boell.de

작은것이 아름답다
Small Is Beautiful

(사)작은것이 아름답다는 1996년 6월 우리나라 처음으로 생태환경문화잡지 <작은것이 아름답다>를 펴내며 녹색출판을 통해 자연과 더불어 사는 삶을 위한 생태환경문화운동을 펼치는 비영리단체이다. '종이는 숲이다'라는 생각으로 생태환경잡지를 재생종이로 펴내며 숲을 살리는 재생종이운동을 이끌고 있다. '해오름달', '잎새달' 같은 우리말 달이름 쓰기, 자연과 더불어 사는 일상을 위한 '작아의 날'을 제안하며 생태감성을 일깨우는 녹색문화운동을 펼치고 있다. 2019년부터 <아틀라스> 시리즈 한국어판 출판 프로젝트를 진행하고 있다.

www.jaga.or.kr